猴 面 包 树

与克尔凯郭尔一起守护激情

[法] 达米安·克莱热-古诺 著 张婷 译

上海三联书店

致薇薇尔

厌倦了现代的死亡，我知道，我会在那里寻到新鲜的思想。

莉迪·达塔斯，《闪电》

目录

使用

方法

　　这是一本与众不同的哲学书。哲学总是致力于让人们认识自己，从而改善生活，但大多数哲学书都聚焦于真理问题，在理论基础上殚精竭虑，而不注重实际应用。本书恰恰相反，它关注的是哲学中能改变生活的部分，即体现在生活细节中的对存在的理解和看待方式。

　　当然，新的行动和生活方式总是在反映新的思维方式和自我构想。抛开理论思考，就谈不上改变实践。幸福和满足是需要通过思考去争取的，否则就无法到达。对于本书探讨的个体发展问题，我们不会满足于浅尝辄止，而是去发现思考的乐趣，虽然这种乐趣有时让人头昏脑涨，但它就是这样改变生活的。

　　在本书中，我们将邀请读者先了解概念，再反思自身问题；聚焦问题后，用新理论阐释问题，最终依靠实际行动解决问题。只有改变了原本的思维方式、认知方式和行动方式，我们才能就生活进行更广泛层面的追问。这就是生活与哲学系列丛书的每本作品都按照相似的逻辑分为递进的四大部分的原因。

一、症状和诊断

　　首先要确定需要解决的问题：我们因什么痛苦？是

什么决定了我们的生活状态？我们怎样才能准确理解自身的徘徊和胡思乱想？找出问题，就迈出了解决问题的第一步。

二、理解的关键

哲学能在哪些方面帮助我们理解问题？我们怎样才能改变看问题的方式，进而掌控生活？在本书中，读者将看到全新的哲学观点，它将引导我们用崭新的视角看待自己。

三、行动的方式

本书中提到的新概念如何改变我们的生活和行为方式？怎样在日常生活中践行新哲学？行动会改变人的存在，而思维是如何改变行动的？在这里，读者能够找到生活的秘籍。

四、看待存在的视角

最后，我们将介绍克尔凯郭尔更形而上学、更具思辨性的观点。读者至此或许已经学会了如何更好地掌控生活，但你仍需要探寻一个具有普遍意义的经验框架。前面的章节教给你方法，让你更好地生活，而在最后这部分，你将遇到人生的目标性问题：存在意义的重要性和终极性。如果没有对世界普遍的、超验的思考，这一点就无法确定。

本书不仅可供阅读，还能指导实践。每个章节在论述之后都提出了关于生活的具体问题。主动点，撸起袖子质疑你的生活，并给出贴切的、诚实的回答。这样的练习会帮你把哲学家的教诲应用到生活中。你要努力使它们转化为自己的东西，并找到合适的方式去实践。

准备好迎接这段旅程了吗？你可能会感到新奇，有时候会很枯燥，或是震惊。你准备好感受不确定，被抛入一种新的思维方式、一种新的生活方式了吗？这场穿越十九世纪哲学思想的旅程将带你深入自己的内心。让书页引导我们，沿着问题和思想的轨迹，去探寻克尔凯郭尔的理论如何改变你的生活。

第一章

症状和诊断

绝　　　望　　　的　　　疾　　　病

在当今西方社会，个体处于中心地位。不论在工作还是其他方面，不论我们有哪些优点或缺点，我们都被鼓励去主动表现，证明自己，定义自己。同样，人们追求的不再是集体自由，个体自由得到空前重视。那些不可侵犯的权利，比如人权，开始凌驾于其他权利之上，成为个体最突出的特质。甚至我们看待孩子的方式也是如此，他们开始被视为拥有权利的个体。在政治、社会、文化上，在公序良俗方面，在政府、在家庭，个体成为重中之重，整个精神世界都围绕着这个中心组织起来。

同时，在聚光灯下，所有的个体问题都变得更加醒目。一旦阻碍个体权利的障碍被完全清除，一旦每个人都做回自己，人还能期待什么呢？我们是否认为，只要最终获得了做自己的自由，做自己就会如此容易？被允许做自己，毫不尴尬地成为自己，这就够了吗？情况正相反，我们陷入了无止尽的痛苦，这些痛苦经常逼我们造访心理医生。个人生活曾被应许之地[1]的一切魅力所装饰，而如今，个体身份已成为我们所有痛苦的来源。没人预料到事情会变得如此糟糕，除了索伦·克尔凯郭尔。

1　"应许之地"出自《圣经·旧约·创世纪》，记载以色列人祖先亚伯拉罕虔敬上帝，上帝应许其后代拥有牛奶与蜜之地。

索伦·克尔凯郭尔，丹麦哲学家，思想界的局外人，狂热的基督徒，他看似与时代思潮齐头并进，在布道文中却写满了对时代的批驳。他又像是个过时的人，既不真正属于他的时代——十九世纪上半叶，也不属于我们的时代。然而，这位来自哥本哈根的忧郁哲人，这位经历了荒诞命运的人，却称得上是最先锋的哲学家。没有人像他一样固执地捍卫人的个体性，也没有人能像他一样提前预见个人主义带来的无可避免的威胁：

人们或许应该认同，我们所属的时代是上帝的时代。但事实并非如此。人对力量的渴望，想要成为幸福造物主的勇气，连同我们自己，都是虚妄的幻境。悲剧性消失后，绝望降临。

——《或此或彼》

我们从未像这样深陷绝望。根据世界卫生组织的最新报告[1]，每年有25%的欧洲人口受到抑郁症或焦虑症的折磨，50%的长期病假可归因于此。更重要的是，抑郁症治

1　世界卫生组织：《欧洲的抑郁症：事实和数字》。

疗费用总计已达到1700亿欧元，而还有50%的病人没有得到治疗。罹患抑郁症的个体为了不被压垮往往变得歇斯底里。毋庸置疑，在这样的背景下，个体比以往任何时候都需要更多的帮助。

我们真的有能力应对这种现象吗？当然，杰出的医生、可敬的心理学家和提供安慰剂的药物实验室正在竭尽全力对抗绝望。但这一现象的广度及其持久性表明，我们仍然没有找到奇迹般的解决方案。现代医疗的进步非但没有减少绝望，反而把它变成了高利润的市场，贩卖解决方案者、咨询师、心理教练和自我管理专家在生存烦恼泛滥的环境中野蛮生长。这样的结果有任何好处吗？难道不是我们在观念上出了错，才导致一些不错的方法也陷入了无可挽回的失败吗？这种错误的顽固观念就是：绝望是个体功能失调的标志，是需要纠正的异常。但这种观念的依据何在？它是凭何产生的呢？

不过度夸大绝望是一种自我保护。既然我们无法战胜它，就该借助它铸成心理屏障。传说中，阿布德拉最著名的哲学家德谟克利特陷入了绝望，那里的公民对他莫名其妙的痴笑感到担忧，于是找来最伟大的医生希波克拉底救治他。希波克拉底与德谟克利特对谈后，确信他从未见过一个比德谟克利特更健康的人，他认为德谟克利特比那些认为他有病的阿布德拉人要健康得多……所以，让我们改变视角，问一个问题：我们真的应该把绝望当作一种"疾病"吗？

自惩者

绝望这种人类情绪的出现不止朝夕，但当下个人主义的时代为它提供了绝佳的生存条件。事实上绝望是一种疾病，会影响个体对自身的感受，因此我们可以称其为一种"关乎自我的病态"。在"自我"热度不断升级的背景之下，绝望自然而然地找到了充分生长的土壤。有多少个体，它就捕获多少猎物。那我们怎样才能分辨出它的存在呢？举一个典型例子：当我们感到绝望的时候，个体不再是自身坚定的盟友，而是宣告成为自我的敌人。原本有责任实现荣耀的我们，却对自身产生了难以平抑的厌恶之情。

令人绝望的境遇

因爱人背叛而遭到抛弃的年轻女孩，与孩子渐行渐远因而感到悲痛的父母，多次战胜病魔又重新坠入深渊的病人，几个月来试图挽救企业但不得不面对债务到期的老板……所有这些例子，还有其他的例子，都向我们展示着何为绝望的境遇。这些境遇的共同点是什么呢？那就是置身其中的人没有解决办法，也找不到好的出口。那个等不到爱人回心转意的年轻女孩会说"没有希望了"。那个不断抗争、身心俱疲的病人会想"没有希望了"。那位永远失去儿子的父亲重复着"没有希望了"。

事实上，有什么需要绝望的？我们到底因什么而绝望呢？又或者说，绝望这种情绪有什么特殊性呢？那位被抛弃的年轻女孩，可以像其他人一样，只是表现出失去爱情的忧伤，而不必绝望。她也可以转而讨厌那个抛弃自己的人，通过厌恶情绪缓解自身的痛苦。那为什么还要绝望呢？原因是她没有指责爱人的见异思迁，而是将怀疑的枪口对准了自己："我哪里没有做好呢？""为什么我没能留住他？""是我要求的太多吗？""是不是我丑陋，愚蠢，或者有别的什么缺点？""她哪里比我好？"就这样，她的问题变成了自己未能将爱人留在身边的无能。同样的，那位父亲倾向于指责自己而不是孩子："我不是一个称职的父亲！是我的错！"还有那个病人，令他绝望的不是疾病，而是无法战胜病魔的无力感。所以，在这一点上不要弄错：

表面上看，我们会因为许多事情感到绝望，因某种境遇、失去的爱情等，但绝望的标的是我们自己：

> 因某种事物而产生的绝望不是真正的绝望，只是绝望的开端，它像医生口中的疾病一样潜伏着，然后爆发：我对自己绝望。看看那个为爱绝望的年轻女孩，她的爱人因死亡或背叛离开了。她不因失去而绝望，绝望的本源是她自己，这个被甩掉的"我"。假使她的爱人变成了别人的私有物，她将会经受更残酷的自我迷失，这样的"我"被剥夺了另一半而不得不独自存在，这样的"我"变成了自身的烦恼。

> ——《论绝望》

令人绝望的缺陷

除了上述的特定情境，绝望还来源于生活中更普遍的事物——人们的缺陷。我们会因为外貌而绝望，因愚笨、缺乏天赋或雄心而绝望——"我觉得我很胖""我受够了这样的自己""我想要更勇敢一些"。于是，我们耗费很多时间去弥补自己认定的这些缺陷，不论我们的判断是否正确。有的人开始减肥，想拥有运动员一样的体型，有的人提升才智以弥补学识的短浅，还有的人学习戏剧来克服羞涩的性格。

但以上情况还不是真正的绝望。尽管这些或那些缺陷让我们不快，我们还不至于因此否定自己的存在。我们可以有缺陷，也想摆脱缺陷，但不至于因此与自己开战。然而，一旦我们把自己认定为缺陷本身，把自身的存在当作缺陷去衡量，会发生什么呢？对缺陷的批判会转换成对自身的质疑："我是个胆小鬼！""我是个粗人！""我太懦弱！"如此这般，缺陷和个体紧紧联系在一起，变成了我们的身份和不可分割的标签。我身上的缺陷变成了作为缺陷的我。要知道，我们不是因为身上的某个缺陷而绝望，而是因为被判定为失败者而绝望。

备受关注而变得可憎的自我

所以，绝望的情绪就是与自我（且只是与自我）纠缠。当我们感到绝望的时候，失败者的身份完全侵蚀了我们。你们一定在某时某刻见过身边的人陷入绝望。表面上看，这是一种自我鞭笞的怪癖，但当我们帮助别人对抗这种情绪时，我们揭示出这一情绪背后隐藏的"利己主义"色彩。我们会这样说："别再自我中心了，不要只想着自己身上那些事。"由此可知，绝望是由于个体过于关注自我而产生的。自身的缺陷，不停被揭开的那些血淋淋的伤口，为个体提供了机会，让他不断聚焦自我。他，还是他，总是他。一切都不重要，除了他？一定程度上是的。但这不应该被看作一种利己主义。我们有时会被表象欺骗。当我们对一个人的爱过于热烈，无法自拔，就会对他日思夜想。但我们对讨厌的人不也会做同样的事情吗？那些我们希望他们消失的人，也会日夜出现在我们的脑海。同理，我们对自己的憎恨，表面上看竟是一种无法平息的爱。

绝望是一种极其危险的疾病，因为它总与自杀倾向相伴。幸运的是，并非所有绝望都会按部就班地导致这种极端情况。克尔凯郭尔按照严重程度的不同，明确区分出两种绝望——绝望地想要成为自己和绝望地不想成为自己。显而易见，第一种情况危险性较小，因为它建立在理想的自我形象之上，这种理想形象无法到达，但至少绝望者期望到达。当然，他是绝望的，但他是以理想化自我的名义对自身绝望，他想要接近的是理想的自我。例如，当一个信徒认为自己有罪时，就会对自己产生绝望。但这种绝望是与理想化的圣洁相联系的，他由衷地信服这种存在于自身的圣洁。这个他想要并许愿成为的自我是确证个体存在意义的避难所。而这种情况在第二种绝望类型中无迹可寻。在第二种情况下，个体与自我的关系是纯粹的否定关系。他并不打算摆脱旧的自我，成为愿景中新的"我"。他不要新的身份，只想放空自己，沉溺在遗忘一切的永眠之水中。死亡，沉睡，或进入梦境……他本身成了问题，绝望就是要通过结束来解决问题。

自我毁灭的诱惑

这里提出了一个问题：一个绝望的人是怎样产生自杀想法的呢？亲近的人往往难以理解自杀者的决定，怎样解释他做出决定的过程呢？只要我们愿意，可以列出很多自杀原因，情感因素、心理因素、脆弱，各种各样。但更重要的是这样的事实：自杀者攻击的对象是自己，这让他毫无退路可言。

事实上，绝望者一方面因自己而绝望，因想要摆脱的那个自我而绝望。但另一方面，他越是绝望，反而越靠近想要逃离的那个自我。绝望者已不能承受，却又无法逃脱。绝望在摧毁他的同时，也让他更加真切地感受到那个自我的存在：他越是想逃避，就越不能忘记！他需要自我来对自我绝望，就像被告需要法官的召唤才能出庭。而法官就是"我"，那个要不断战胜厌恶的我："我全部的血是黑色的毒，我是不祥之镜，恶毒的妇人从中看见自己。"[1]

所以，能够解释自杀的，不是我们所想的自我摧毁的意愿，而是不论我们怎么做，都无法摆脱那个自我，因此才决定自杀，是为了让那个对立的自我彻底消失：

> 令人不快的就在于，绝望这颗毒瘤，这种酷刑的刀尖总是直指内心，令我们堕入无法自我毁灭的无力感中。不能自我毁灭的绝望变成一种折磨，让绝望者无法得到安慰，他怀恨在心，难以释然。过去的绝望不断累积，直到今时，他苦于无法吞噬自我，无法摆脱自我，也无法毁灭自我。这就是绝望的累积方式，它是这场关于自我的疾病中一种狂热的冲动。
>
> ——《论绝望》

根据法国健康与医学研究院2011年[2]提供的数据，在法国，自杀是25—34岁人群死亡的首要原因，是15~24岁人群死亡的第二大原因。这就是关于绝望的清楚明确的事

1　夏尔·波德莱尔《自惩者》，出自《恶之花》。
2　法国健康与医学研究院，《法国自杀现状调查》，2011年。

实。在这种情况下，谁还敢声称自我憎恶是一种边缘现象，是"爱自己"这种普遍现象之外痛苦的特例？为什么在这种情况下人们尤为需要甚至乞求别人的爱？为什么我们要付出那么多努力去麻痹自己，分散对自我的过度关注？

关键问题

1. 有没有一个缺陷让你感到绝望？为什么是这个缺陷，而不是其他的？如果你的一位亲友试图安慰，说你想的不对，会对你有帮助吗？如果没有，那你真是因为这个缺陷而绝望吗？难道你不是已经自我绝望，并因此给自己安上成千上万的缺陷吗，例如鼻子不够直、双眼靠得过近、眉毛太过凸出、嘴唇太薄等等？

2. 你是不是已经不能忍受自己，不想要这样的自己，希望自己消失？可能你已经产生了自杀的想法。为什么会有这样决绝的判断、无法挽回的处刑？你的绝望难道不是与美好的憧憬相关联，与对理想的向往相关联吗？完美状态是你无法达到的，但它仍不失为存在的动力，不是吗？

3. 你是怎样娱乐的呢？在一天的辛苦工作之后，

你是适度娱乐放松自己，还是通过它麻痹或分散注意力？如果你已出现酗酒倾向，一有机会就放弃安静的家，投入喧闹的聚会；如果你忍受不了哪怕半小时的独处，就会强迫性地打开电视机……你难道不是在试图逃避自己吗？你是否可以花大量时间独处，拒绝自然而然地陷入抑郁呢？

4. 读完本节后，你是否明白了绝望的对象是自我？试着去理解绝望为什么会影响到你的自我判断。你认为怎样才能解释这种自我厌恶，它是什么原因造成的？

当绝望进入医学视野

绝望深刻影响着人们的自我评判，它已成为当今时代的顽疾，并自然而然地进入医学视野。但有多少绝望的人是在心理援助中心被治愈的呢？不论那些疗法有什么无可辩驳的优点，我们都有权质疑其来源的有效性：将绝望简化为一种病理现象真的合理吗？我们是否忽略了绝望存在的意义？

绝望，一种错觉？

乍看起来，我们很容易理解为什么绝望需要治疗。它总会带来无法掌控的痛苦，绝望的人将不可避免地自我处刑："我一文不值。我是个废物、失败者，一无是处的人。"医生当然能从这些话语中觉察到危险，但他可能会放大绝望的表象，而忽略了实际问题。换句话说，这种自我否定被看作一种症状，其后果是灾难性的，但其根源不是我们自身。这种绝望的自我否定被认为过于愤怒、过于激进，是痛苦的心灵产生了错觉。

以上这种观点，会让人们把歇斯底里的绝望看作抑郁的最明显症状，个体的绝望被归因于抑郁。这样一来，人们就中规中矩地去寻找相关的生理和心理原因。换句话说，这种观点认为绝望的对象确实是我，但其本源不是我。在绝望中，我实际上正在遭受那些自我不一定意识到的东西的侵扰，例如未解决的童年问题。因此，我的自我厌恶不是痛苦的真正原因，而只是一个结果。我们对绝望的人说："你不是因为对自己绝望而受苦，而是因为受苦才对自己绝望。"剩下的就是识别这种秘密的痛苦，把它暴露出来并克服它，从而解决自我厌恶(mésestime de soi)的问题。

绝望的存在

为什么人们总想把绝望归咎于一些隐藏的原因？因为绝望者总将某种特殊问题上升为对自我的全盘否定，这看起来不可理喻，有些莫名其妙。某次失败背后可能有多种原因。我们在人生中难免遭遇失败，失意的爱情、事业的困境等都是常见问题，但我们不会把一次失败当作定局，被拒绝过一次并不代表不能再拥有爱情。但绝望的人很快就会做出决断，他认为："从根本上说，我就是永远不会成功，我注定要失败。并不是因为这样或那样的原因才导致现在的局面，都是因为我，永远不可能了，总是这样……"他常常强迫性地陷入僵化思维。他所遇到的具体问题，总会被当作普遍性、全体性问题：

　　具体事件具有瞬时性（le temporel），而全体性（la totalité）是一个概念。在现实生活中，瞬时性问题是难以避开的。自我会将现实中暂时的失去上升到无限（l'infini），主体因此陷入具体事件引发的绝望中。

　　全体性是一个概念。在日常生活中，我们从来没有直面过它，但这并不意味着它没有指向现实。恋爱中的分手，本就是一种足够痛苦的折磨，需要时间来愈合。但让这一过程更加困难的是，我们用全盘否定的方式加重了失去的痛苦。"被遗弃"的愤怒很快让位于"无法释怀"的愤怒："为什么我仍旧感到痛苦？她不配，真的不配！"由此，对他人的愤怒转变成对自己的愤怒。然后，通过自问为什么不能痊愈，我们的关注点不自觉地改变了方向。我们将自己面临的具体问题变成了一个全体性问题："为什么我如此软弱？我怎么了？"从那时起，分手的痛苦倒向一种病态的胡思乱想，即我们已无力应对生活的痛苦，无力承受这逝去、破碎的时间，与爱人永绝的时刻……就这样，我们的痛苦上升到了哲学的维度，任何将其简化为环境原因的尝试都必然被阻止！

绝望的本因不是引发绝望的那些因素

我们可能会认为绝望的真正原因就是引发绝望的具体因素，如失恋、疾病、丧亲、事业失败、疲劳、情感脆弱等，但这并不能解释为什么绝望者会因为一个具体事件而全盘否定自己。因此，这种观点站不住脚。为了支撑该观点，人们提出一个理由，即个体最多只是绝望的非自愿受害者，个体无须对绝望负责。绝望来源于无意识的心理机制，个人在其中不扮演什么角色。

克尔凯郭尔批评的正是这种看待绝望的方式。据他所说，我们没有理由认为"自我厌恶"是种神秘的错觉。与其说那些具体情况是导致绝望的原因，不如说是它们让绝望钻了"空子"(l'occasion)。它们可能导致绝望爆发，但没有证据表明它们就是本因。如果我们因胃疼去看医生，可能会被诊断为阑尾炎，但如果不疼，显然我们就不会去看医生。而事实是，炎症在引起注意之前就已经开始了，病症在表现出来之前可能已经存在了很长时间。绝望也是如此：

> 一个人，事先检查确认过是健康的，后来生病了，那么医生有权对他说，他之前是健康的，现在生病了。但绝望是一个不同的问题。它的出现显示出它早已存在。
>
> ——《论绝望》

让我们想象一下，一个人因为没有得到最想要的晋升而陷入绝望。与他可能的想法相反，这种绝望并不是由事业失败引起的。他的失望之所以变成绝望，是因为与大多数人的想法不同，他给成功的野心赋予了新的角色——自我和解的良药。也就是说，在他看来，如果找到了成就事业的方法，他的人生就不会失败。只有成功才能证明他的存在。总之，与其试图用这种失败来解释他的绝望，不如问他为什么任由自己被失败摧毁。难道不是因为他已经对自己绝望，才期望成功能让他获得爱自己的理由？但他没能如愿，失败使他回到了不满的原点。因此，不是失望解释了他的绝望，而是相反：他会这么失望，是因为早已绝望。

同理，当说着"要么成为恺撒，要么一无所有"的野心家未能成为恺撒时，他就会感到绝望。但这有另一层意思，就是没能成为恺撒这件事让他不能再忍受做他自己。因此，他绝望的不是没有成为恺撒这件事，而是现在这个无法统一的自我。这个"我"曾是他快乐的源泉【……】，现在对他来说，却比任何东西都更加难以忍受。

——《论绝望》

因此，我们的绝望并不像最初设想的那样基于某种具体事件，我们也无法恰当地从中归纳出具有普适性的规律。如果最初设想是正确的，那么亲人劝解我们恢复正常时的话语"不，不，你太夸张了"应该有效，然而事实并非如此。现实中，当我们武断地说"我永远不会成功"时，实际是在表达因无法随心掌控身份而产生的无力感。如果在某个宴会上，我们吸引某人时惨遭失败，再也不相信自己能够成功，那是因为失败已经成为我们无法摆脱的身份象征，我们的自由注定要在这种身份上跌倒。我们把它看作先天不足的又一证明，只有在那时，它才会令人绝望。因此，作为绝望的起点，失败并不是造成绝望的原因。事实上，它不是"无法挽回的失败"这一想法的基础。

绝望并不总是需要原因

我们永远无法事先决定绝望的诱因。有时，几乎没有发生什么，也许是一个好笑的场合、一件微不足道的事，就引发了绝望，绝望有时是无缘无故的：

现在来看看人们为什么会绝望：因为他们发现生命是有限的。但这真的是绝望的理由吗？生命的基础会因这个认识而产生根本性的改变吗？如果不是看似产生了根本性的改变，那就是产生了偶然或者非根本性的改变？没有什么能证明人们的发现带来了转变。因此，绝望应该来源于早先的绝望。差别在于他们在绝望产生时还不知道，但这种差别完全是偶然的。

1958年11月17日，刚刚订婚的日本数学家谷山丰突然结束了自己的生命。他在办公桌上留下了一封信，信中却没有任何解释，这让他的亲属无比震惊。"至于我自杀的原因，我自己也不完全明白，但这不是任何特定事件或问题的结果。只能说，我对未来失去了信心。"怎么会发生这种没有任何明显原因的自杀？这证明了我们为绝望所提供的种种理由都不足以完全说明问题，难道不是如此吗？任何原因在他决绝的行为面前都显得如此片面。

抑郁 (dépression) 还是绝望 (désespoir)

克尔凯郭尔邀请我们颠覆传统，迫使我们彻底改变思维习惯：预设绝望是抑郁状态的必然标志，就是默认只有病态才能证明个体产生了自我厌恶的想法。这是否意味着一个"健康"的人不会这样？弗洛伊德在他的时代已经采用了这种倒推式观点，将"自我厌恶"作为"忧郁症"（抑郁症的旧称）的最常见症状之一。

忧郁症患者表现出一种在哀悼 (deuil) 中所没有的特征，即自我价值感的异常减弱和极度消耗。哀悼时，世界变得贫瘠和虚空，在忧郁症中，自我也会变得如此。患者将自己描绘成毫无价值、无能为力、在道德上应受谴责的人：他责备和侮辱自己，期望被排斥和惩罚。他在所有人面前贬低自己，同情他们与这样一个不值得的人产生关联……这种自我贬损的错觉——主要是在精神层面——还表现为失眠、绝食，以及丧失生命冲动，在心理学上，这种冲动本该迫使个体维持生命力。

——弗洛伊德《哀悼与忧郁》

这种将绝望作为症状的处理方式是否合理？我们已经注意到，从情感基调角度看，绝望和抑郁是可以明确区分的：绝望者的激昂与抑郁者的疲惫和惯性沮丧形成鲜明对比。正如人们所说的，绝望的人有"绝望的能量"。而抑郁症患者已经没有能量了，他感觉自己有点像泄了气的轮胎。

此外，抑郁症是客观因素（身体的或心理）的结果，不需要主观心灵生活（它能够让个体有意识地回归常态）的干预。当然，精神分析学家也知道如何倾听病人的抱怨，他会特别留意病人如何主观地感受和讲述抑郁。但他只是用这种话语来解释病人遭受的无可奈何的影响和痛苦的心理过程。换句话说，这种话语在精神分析学家眼中不构成原因，而被当作一种症状，需要用方法和技巧去破译。

当我们用同样的方式看待绝望，我们可能会忽略绝望的特殊性。和抑郁不同，绝望完全取决于个体看待自我的方式。个体有意识地自我决断就是绝望的成因。当我们绝望的时候，我们不是因抑郁而痛苦，让我们痛苦的是自我，是个体对自我的残酷审判。

当然，这种观点并不能证明抑郁与绝望之间没有任何联系。如果说抑郁不是绝望的成因，至少绝望会促发抑郁。从这个意义上来说，抑郁在绝望的"远处"(au-delà)，因此在绝望蔓延的路径上不可避免地沉积着抑郁的残渣。然而事实是，我们会有绝望的"冲动"(accès)，但这种冲动很难转变为一种延续的"状态"(état)。长时间的延续对绝望来说是一种奢侈。一旦绝望持续，就会转变为其他，低迷的状态或自我厌恶会逐步让位于"自我疲劳 (Fatigue d'être soi)"[1]：

我没心思做任何事。我没心思骑马，太激烈；我没心思走路，太累了；我没心思睡觉，或许我应该躺下，但我没心思；要么我必须再起来，我更没心思这么做了。总结：我

1　这也是阿兰·埃伦伯格创作的一本书的名字。

没心思做任何事。

——《或此或彼》

绝望不可持续，但通过这种状态揭示出的绝望倾向才是导致绝望的真正原因。强烈的痛苦会以突发而骇人的方式暴露出绝望的存在，而绝望的倾向要比极度痛苦的阶段持续得更久。那么，绝望的倾向是如何持续的呢？它来源于个体不能做自己的无力感。这才是绝望的核心，它必然会固执地将我们引向这里。

关键问题

1. 你有时可能会感到压抑，郁郁寡欢，也许很累，很快又觉得"厌烦"（ras-le-bol）。但这样的状态是否曾让你绝望？你觉得这种状态从哪些方面让你产生了人生无意义的想法？

2. 也许你也经历过抑郁状态，为此接受过监测和医学治疗。你还记得是什么触发了抑郁症吗？也许这次事件对你产生了极大的影响。但为什么呢？它又是怎样影响你的呢？发生了什么，导致你走上了抑郁症的道路呢？如果这个事件没有摧毁你的自信，你会抑郁吗？抛开事件本身，你的抑郁难道不是由自我厌恶，也就是先在的绝望引发的吗？

3. 如果你16岁的女儿因失恋感到绝望，你可能倾向于轻描淡写。对你来说，这点小事并不严重，不足以引发如此激烈的反应。因此，这种绝望算不上真正的绝望。你认为："我们不该为这种蠢事绝望！"难道大错特错的不是你吗？绝望的诱因可能是温和的，但绝望是真实存在的。绝望的倾向会抓住任何一种诱因，哪怕是最微不足道的。即便绝望看起来无缘无故，也丝毫不影响它的严重性。

4. 分手之后，你有没有注意到愤怒是如何阻止你走向心理堕落的？如果没有愤怒，你觉得自己身上会发生什么？无法指责别人的时候，你难道不是把枪口对准了自己吗？"归根结底是我的错。他/她怎么会爱上我？我什么都不是，一文不值。"如果离婚总是引起激烈的互相清算，难道不是因为双方都疯狂试图将本会加诸自身的愤恨、不满倾泻给对方吗？

幸福的幻象

如果绝望的根源在于无力做自己，那么它似乎不属于医学范畴，而属于能让人获得幸福的哲学或心理学范畴。在这样的前提条件下，逃离绝望的目标应该是学会做自己。通过适当的自我管理，我们相信一切都会好起来！但不论这种乐观的想法看起来多么有吸引力，它也不过是另一种形式的幻象。

对不幸的信仰

在古代悲剧中，个体因命运的重击而陷入痛苦，因此人们认为是不幸导致了痛苦。"不幸"这个词保留了对乐观生活观念的记忆。为什么用"乐观"这个词呢？因为不幸意味着"坏的命运"。本质上，我们扛起了很多不幸，有多少次已经不重要了。苦难被等同于不幸，即个人生命过程中的意外，这些意外从根本上说是外部因素。这种悲剧观点看起来也有悲观的一面，因为该视角将个体抛向持续的痛苦中。但是，将痛苦归咎于不幸，也就是归咎于个体遭受的灾难性事件，能够确证痛苦的根源不是个体。所有的痛苦都是由相反的命运造成的。命运从原则上解释了为什么人无法获得幸福，因为客观事实会造成痛苦：亲人的离世、战争、瘟疫、众神之怒等。

不幸就像人生路上的一个难关。人处在其中，但他的生活观念从本质上提醒他，不幸只是暂时的，因为不幸对个体来说是异质的。

——《哲学片段》附言

现在还是如此，我们会自然地倾向于认为一旦受苦，就要本能地寻找造成痛苦的外部原因。我们宁愿把痛苦归咎于外部环境，也不愿为它负责。从逻辑上讲，我们是想通过改变这个客观参数，让一切恢复如常。一个婚姻不幸的人，可能会认为他的痛苦来自于选错了人：通过更换伴侣，他将重获幸福。而学业失败的孩子，也能以同样的方式责备老师：如果换一个老师，他的成绩会好得多。这不一定是错的，但这样的概念仍然无法解释所有的苦难。例如，它不能解释那些与不幸事件毫无关联的痛苦，那些由纯粹的主观动机引发的痛苦。这样的情况难道不是稀松平常吗？一个人拥有一切能带来幸福的东西却感到不幸，如果不是内部因素，我们应该如何解释他的痛苦呢？

　　现在我们知道，并非所有的痛苦都是由外部原因造成的。从这个角度看，我们已跳脱出古老的观念，但还没有完全摆脱它：即使我们非常愿意承认痛苦可能来源于自身，也很难不把它看作一种意外，即本质上"异质"(hétérogène) 的东西。但异质的不一定是"外部"的。例如，一种疾病不一定是由感染病毒这样的外部原因引起的，它可能源于一种遗传缺陷，是自体因素。因此，人们普遍认为有一些"体质"使我们容易染上某种疾病，而其他人可能对这种疾病免疫。但即使在这种情况下，痛苦在我们眼中仍然代表着一种不幸。当然，它不一定是从外部落到我们身上的东西，但无论如何，它仍然是我们被动承受的。换句话说，我们仍旧认为，虽然痛苦来源于我们，但它并不是我们造成的。我们相信，如果受苦，一定是因为有某处异常使我们无法处于正常状态。当一个人拥有一切可带来幸福的东西却感到不幸，人们就会认为他身上出现了问题，剩下的就是找出这个问题，以疗愈他的痛苦。

　　因此，我们本能地坚持一种乐观的生活观念，这使我们认为痛苦总是一种失调的症状：如果我们受苦，那是因为内部或外部出了问题，是因为存在不正常情况，需要求助于有效的治疗。这种坚持是如此自然，以至于我们从没想过质疑它。当你打开这本书时，不也是希望寻求解释，了解绝望时我们发生的"问题"吗？这种信念的对应物显然是兰波所说的"幸福的宿命"：既然痛苦总是出于一种异常，一种功能障碍，那么按照逻辑原则，正是这种异常阻止了我们获得幸福。

尤德摩尼主义 (eudémonisme)：幸福是无上至宝

自然而然的，我们认为每个人注定都要追求幸福。幸福很难实现，甚至永远不能到达，但这丝毫不影响我们确信人性适合它。我们面对的困难是如何获得幸福，而不是判断我们是否注定要幸福。

所有把幸福作为生存目标的哲学理论都被称为尤德摩尼主义。显然，这些理论也是以古希腊为起点的。柏拉图、亚里士多德、伊壁鸠鲁和斯多葛派都是尤德摩尼主义哲学家。他们以幸福为指导原则，寻求实现它的最佳途径。距我们更近的斯宾诺莎和尼采也是尤德摩尼主义者。

尤德摩尼主义的观点基于这样的信念：人天生注定要幸福。如果没达到，那是因为某个地方出了问题。换句话说，有些东西在阻碍我们实现自己的本性，阻止我们成为完全的自己。如果没有这个阻碍，为幸福而生的我们就会实现幸福。例如，亚里士多德认为，美德是卓越的，能使每个人都成为他本来可能的样子。刀是用来切割的，因此，若它切得很好，它就实现了本质。同样的，齐特拉琴演奏者的天职是在艺术中实现自我。从这个角度看，我们经常会自发地进行亚里士多德式的思考。比如，当我们考虑该走什么样的人生道路来自我实现时，会自问：我的路在哪儿？我有什么才能？我的潜力在哪儿？我们也可能会像斯宾诺莎主义者，在对生活乐趣的肯定中寻找实现幸福、实现自我的道路。那些负面情绪(悲伤、愤怒、怨恨等)在削弱我们的生命力，因此我们认为必须学会与之斗争，以便重新回到生存的正轨。不同的人，方法可能不同，判断也不同，但根源仍是所有人的共同信念，即我们必须学习成为完全的自我。

只消看看书店书架上关于自我发展的海量作品，就能确证这种观点已如此根深蒂固。我们整天听到专家建议：要实现"本真的自我"，去寻找适合自己内心的"模样"，寻找能让潜力爆发的"工作"。很明显，从始至终，目标都是做自己。为了做到这一点，别人建议我们倾听自己，找到埋藏在无意识中的欲望声音，发现自己的独特性和隐藏的才能，以便更好地利用它们，在生活中取得成功……"做自己（be yourself）"成为尽人皆知的真理，一个道德要求。

美学：成为你自己！

然而，克尔凯郭尔没有用"尤德摩尼主义"形容这种强大的思潮。他更喜欢用"美学"这个词：

> 人的美学是什么呢？我这样回答：存在的美学，就是一个人通过什么能瞬间做回自己。
>
> ——《或此或彼》

改变称谓并非出于语言的随意性，克尔凯郭尔喜欢"美学"这个词有他的理由。事实上，这个词最初并不归属于一种艺术理论，相反，它指向感性的领域，那个即时的、自发的、在思维之前的领域。因此，根据定义，审美个体就是生活在即时性体系中的人。对克尔凯郭尔来说，"美学"这个词已经指出了尤德摩尼主义的局限性。怎么说呢？就是它忽略了这样一个事实：人不仅是感性的生物，处在与他人、与自我的联系中，人也是——也许最重要的是——有反思能力的生物，能够进行自我批判的生物。

举例说明。想象一下，一个人在追求自我实现的过程中，发现自身存在某些非凡的品质：

审美的个体审视具象化的自己，并区分了内在和外在。他观察到了偶然性和决定性要素的区分。但这种区分只是相对的【……】一个人如果从审美角度认为自己与众不同，他就会说：我有绘画的天赋，我认为这是偶然的。但我有思想和洞察力，它对我来说是本质性的，是我区别于他人的特质。对此，我想说：所有这些区分都是假象。[1]

——《或此或彼》

为什么说这种区分是一种假象？因为一旦我们与自己建立反思型关系，例如对自己说"嗯，我有这种天赋"，我们就不再简单满足于原本的自我。与此同时，我们会不可避免地与原来的身份保持距离。当我们看镜中的自己时也是如此：对镜产生了双重的自我。你是被观看对象（镜中的形象，你所认识的自我），也是"看"的主体，镜子映照出一个你。同理，自我反思时，你作为自己的镜子，不只是活着，还在观察自己如何活着，好像你既是演员又是观众。我们花很多时

1　在具体的、物化的存在中。

间生活，这是事实，但总的来说，我们花了更多时间来审视和评判自己的行为！这是核心所在。以此来看，我们能否信赖自己，取决于我们是否有能力成为人，或者说成为精神：

> 人是精神。但精神是什么？精神就是自我。那自我是什么？它是与它自身的关系，换句话说，我处在这种关系内部的变化中，我不是单纯的关系，而是我回归自我这种关系。

> ——《论绝望》

那么，我们如何对"成为真正的自己"不抱期待呢？克尔凯郭尔写道，审美的发展就像植物的生长过程，尽管个体在改变，但他变成的是他即时 (l'immédiateté.) 能成为的样子。我们也可以这样称呼这个过程：成为自己，实现自己的本性，培养自己的潜力。不论选择哪种说法，归根结底都与植物的生长类似，因为种子一开始就蕴含了树的形象。种子就是为成为大树而生的。如果我们帮助它，或者至少不要加以阻碍，它就会长成大树。但我们怎能认真地把自己与植物相比呢？当我笃定地对自己说"我有这种才能"时，我的自主意识已经让我与植物没有可比性了。

我们怎样才能区分那些自认为必不可少的才能和附加才能呢？比如我对自己说"我可以放弃绘画天赋，而不觉得失去了自己。但哲学天赋是我必须利用的基本能力，因为这是我的天性所在"，我是否会因为走这条路而变得"更像自己"？如果当时放弃了，我是否会因此变得"不再是自己"？

这种说法似乎很不可靠。有一种常见现象，一个男人觉得人生很失败，因为他没有选择梦想中的职业，而且他的妻子在几年后变成了"不合脚的拖鞋"。但对这种情况的判断相当微妙。我们是否应该认为他没有成为真正的自己，因为他没有遵从内心深处的本性？但另一方面，这个人从未停止做完整的自己。难道不是吗？他决心承担的所有这些坏角色，难道不是他自己扮演的吗？自由拥抱这份职业的是他，走入婚姻的也是他，而不是别人。他现在有什么权利说"这一切都不是真的我"？他期待成为的"我"凭什么比他选择成为的更能承载他的身份？正如我们所看到的，个体身份仍然被可怕的二元性贯穿，这使得任何人都不可能对"我是谁"这个问题给出一个统一、明确的答案。

绝望并非不幸

人要拥有自我协调的雄心，还要抵御因失调引发的痛苦，这既是一厢情愿的想法，也是对个体的严重误解。以上发现应该使我们温和地接受这样的观点：人不是注定要幸福。一个表面上看起来健康，宣称自己找到或寻回了自我的人，和一个知晓无法做自己而陷入绝望的人，后者难道不是更加清醒吗？

那么，我们没有理由认为绝望是一种异常，人需要像迷途知返一样从中痊愈。一个会陷入绝望状态的正常人和一个做不到绝望的人相比，前者的精神世界难道不是更健康吗？事实证明，绝望的倾向远不是一种异常。对克尔凯郭尔来说，绝望倾向反映的是存在的不适感，它无可避免，除非我们故意无视，或者环境还没有逼迫我们做出痛苦的思考：

尘世生活本就难以自在。如果有人问我们为什么，我们就反问他是怎样安排生活的，不论他回答什么，我们立即回应："您看，这就是原因。"如果还有别人询问其中缘由，我们再这样做一遍即可。即使他的回答和前面的人相反，我们依旧说："您看，这就是原因。"然后带着凝重的神色离开，仿佛一切都已被解释清楚，直到走到街拐角，我们拔腿就跑，迅速开溜。就算有人给我十个塔勒（thaler）[1]，我也不会自作主张去解决存在的谜题。

——《哲学片段》附言

关键问题

1. 你认为痛苦是什么，一种不快或难受？我们应该努力逃避它吗？在你看来，它是不是一种纯粹负面的现象，妨碍了你做自己？难道不是在绝望的痛苦中你才有了完全属于自己的感觉，并且前所未有地拥抱了自己吗？你是否曾经沉浸于这种痛苦，而不是想摆脱它，比如在黑暗的房间里躺上几个小时，听悲伤的歌曲？虽然这种状态本身是相当不愉快的，但你之所以沉浸于绝望，难道不是因为你的存在闪耀着不同寻常的光彩吗？

2. 你认为人能从所有的痛苦中痊愈是正常的吗？一些令人心碎的痛苦不也会让我们想要坚持下去吗？一位家长在事件发生多年后坚称对孩子的死全然不感到痛苦，你如何评价这种言论？这样的"痊愈"在你看

1　德国旧银币名。

来是否完全健康？

3. 在阅读这一节时，你难道没有感觉到从前被误导了吗？如果你感到失望，那是因为你从前也许在不知不觉中陷入了审美偏见。你期待书中会描述生活中的不快，希望这些不快很快被解释为一种惯常的错觉。本书将把你从这种误解中解放出来，从而帮助你摆脱不适的状态。现在你知道了，绝望没什么问题，它不仅是自然的，而且是清醒的表现。

在矛盾的象征下

我们的整个生活可以说处在一种不适中。具体是怎样的不适呢？如果说绝望展示了存在的真相，我们应该可以定义它，那这磨人的真相到底是什么？它让所有人都暴露在绝望的攻击之下。这真相揭示了被遗忘的事实，即存在的矛盾性，它构成了存在的界面。在这里，每个人都被痛苦地驱使着。

无限和有限

我们已经看到，就个体与自身的关系而言，人永远不可能轻易成为真正的自己。如果成为自己和不能成为自己两种陈述难以同时为真，这种常见的二元性问题就披上了更为激进的矛盾的外衣。这种矛盾，从逻辑角度看是无意义的；但这无意义的矛盾却令人难以忍受，它促使陷入绝望的人断定存在是虚无的。

按说任何规定性（détermination）都无法耗尽我们的自我意识，我们可以想象自己拥有不同面孔和不同职业，可以梦想自己比现在更成功，甚至可以想象如果变换了地点和时间，生活会是什么样子。没有什么可以阻止我们通过无限的遐想自我重塑。人有无尽的自由，可以把自己想象成自己以外的任何东西，这样一来，好像原本的自己就不那么重要了。脱离旧的才能成为新的。假如我们能在想象中重塑自己，是否证明我们并不觉得与构成自我的事物完全融合？除了个体的无限性，我们还能怎样描述这种感觉呢？

但另一方面，正如克尔凯郭尔指出的那样，这种无限感不断被个体的才能、收入、驱动力、欲望等具体、确定、特殊的自我经验所干扰。我们被迫承认这张脸，这份职业，这样的懦弱，以及出生地和父母的名字等等。没有身份的自我还是我吗？出身、经历已经限定了自我是有限的、被决定的存在，这就是我们自己。对每个人来说，同一个我总能感觉到无限，却又不断承受身份的重量。每个人都能感受绝对自由，但注定要在有限性中认识自己。就像一个失去双腿的人，他可以否认身体的残缺，因为他合理地保有不承认自己的可能性，他也不希望别人把自己看成一个残废，但无论做什么，在生命的每一分钟，他都会发现自己注定无法逃脱这个身体。

想要做自己的绝望需要具有无限性的我，它是自我的最抽象形式，是自我可能性的最抽象形式……借助无限性，具象化的我试图掌控自我，成为自己的造物主，将自我变成他希望成为的我，自主选择接纳或排斥什么。具象化的我不是随意的集合体，他有他的必然性、局限性，有现实的才能和财富，具有特殊性，又具有确定性。

——《绝望论》

因此，绝望出现了。沦陷感、窒息感是绝望的特征：无法呼吸不就是缺少空间，缺少可能吗？当我们感到绝望时，会有一种被生生围困的印象，自我变成了身份的囚徒。我们迫切地希望挣脱，它却紧紧地黏着。无论转向哪里，个体都会感受到负担和限制，并为之臣服：

我感到自己就像国际象棋的棋子，对方棋手说着：这颗子被困死了。

——《或此或彼》

永恒和时间

无限性和有限性之间的矛盾并不是我们必须面对的唯一矛盾。最容易让人深陷绝望的是丧亲之痛。丧亲的痛苦背后，我们突然意识到生命有尽头，自己也将死去，永恒感因而破碎。当然，我们都知道，人注定会变老和死亡。死亡时，寄存在人间的身体消逝了，不只是身体要死亡，精神也被要求死亡。死亡始终是个体的特权：即便我们相信灵魂转生或复活，也要承认死是先决条件。

然而，人会不由自主地产生永恒感。怎么总有这种感觉呢？每个人都会尝试想象自己的死亡，这是自然的。但我们只能想象身体的消失，而不是亲自感受毁灭的那一刻。我们看待死亡就像感受活着时的其他状态一样。时间改变我们，带来衰老，但它似乎也无法克服我们不变的感觉：五岁的我，三十岁的我，六十岁的我，都是我。由于没有更好的术语，我们不得不称它为一种永恒的感觉。

正是同一个我，尽管每天早晨对镜观察新长出的白发，我还是能感觉到永恒。在这种共同的、普遍的经验中，不断滋生着存在的矛盾性，它是绝望的食粮：

生命是多么虚无飘渺，毫无意义。你埋葬一个人；你随他来到坟墓，在他身上撒了三铲土。坐马车来，再坐马车回去。想到你还有漫长的生命，你安慰自己。十年的七倍是多少？为什么不一口气完成呢？

——《或此或彼》

绝望，矛盾的忠实反映

还有，绝望不仅仅归结为想要做自己的绝望和不想做自己的绝望两种形式，如果我们用不同的方式看待它，矛盾就会以不同的方式出现。当我们身处绝望中，个体会时不时产生这样的印象：我们会因自我的有限性而感到窒息，然后完全迷失，转而为可能的无限性烦恼。例如，一个失业或提前退休的人可以无拘无束地度过时间，生活似乎不再受到任何必要性的约束：不再需要设置闹钟，不再需要准备会议，等等。这种情况使他表现出极大的焦虑，因为他感到无限的自由，不能再依附于任何身份：

　　我在工作中能做什么呢？无所不能还是无所事事？这其中是有技巧的。怎样才是被肯定的呢？有些年轻女孩会要求自己什么都要做好；有的女孩则觉得无所谓，做什么都行。我们会雇佣哪一种呢？

——《或此或彼》

　　同样的，一类人因缺乏永恒的确定性而绝望，另一类人因缺乏无限的可能性而困于永恒的现在，两者互为对照。例如，一个人被冒犯后留下了创伤，时间对于他会呈现出一种永久的发作状态。让他绝望的不是时间的流逝，而是认定创伤会永远与自己形影不离，就像普罗米修斯被绑在石柱上，直到时间终结：

　　假使我想到那个不幸的会计，他在绝望中失去了理智——在计算账目时将7加6算成了14，结果毁了一家商行；想象他日复一日地对其他事漠不关心，只是对自己重复着"7+6=14"，我所说的永恒的形象就产生了。

——《或此或彼》

当然，这些只是主观印象。"无限的可能性"或"永恒的现在"触动着绝望者，但别人有权一笑置之。对他们来说，似乎没有任何情况需要使用这样过度的词汇。但这并不意味着这种词汇没有存在的理由或有效性。无论出发点是什么，无限与有限、时间与永恒的辩证游戏在归纳绝望的多样表征中是至关重要的。事实证明，绝望并非偶然，它准确地表达了我们无法自洽的体验……即使个体并非总能意识到这一点。

归根结底，绝望的人并不是一个病人！或者至少，绝望不是他的病。窒息的、完全迷失的感觉，时间在手指间疯狂流逝的印象，到最后认定生活无意义的感受，所有这些既不是过度悲观的标志，也不代表无法挽回。顽固地将绝望归因于抑郁症，或确信"正常"必然是良好的状态，这掩盖了症结所在：我们不能正确认识个体的存在，也无力承担。

关键问题

1. 你有没有注意到我们讲述糟糕状态的方式都很类似？绝望的原因可能大不相同，但表达绝望的方式却几乎保持不变——"我要窒息了""我有溺水的感觉""我无所适从""时间飞速流走""什么都改变不了",等等。

2. 如果你觉得生活已变得令人窒息,请停下脚步,试着解释这种感觉的来源。是家庭生活的困扰、工作压力让你没有喘息的空间,还是感觉没有自己的时间,或者以上情况都有,让你产生了模糊的窒息感,它指向整个存在,而不是具体某件事?有人提议你走出去,留点时间给自己,暂时从必要事务中解脱出来。但即使这样做了,你还是可能遇到新的烦恼,比如必须打电话给朋友,必须去城里见朋友,必须和他们维持良好的关系,等等。

3. 回想一下你生活中的快乐时刻。你幼小的孩子依偎着你，或者你与爱人的第一个拥抱，这让你满怀幸福。这种记忆本身是令人愉快的，因为它唤起了过去。但与此同时，它也引起了情绪波动，这种波动来自对那些时刻已一去不复返的认识："时间都去哪儿了？！"这种痛苦的认识不再仅仅适用于此刻的回忆，它延伸到失去的朋友、滋生的皱纹、脱发、错过的机会等。这种小伤感不像绝望那样强烈，但两者相似，只是强度存在差异；你没有变得绝望，只是因为你没有在这个不愉快的事实上纠缠太久："时间都去哪儿了……今晚有什么电视节目？"

第二章

理解的关键

被　　　忘　　　却　　　的　　　激　　　情

绝望表达了关于存在的真理，艺术在这一点上切中肯綮，它总是表现出对忧郁的明显偏爱，仿佛绝望使人有能力从存在的细节中暂时抽离，从而以更全面的角度考虑问题。当我们身处绝望、自我审判时，我们思考的是存在本身。

承担个体的存在不是件容易的事，人要清醒地面对绝望和它所表现出的矛盾，并在有限与无限、时间与永恒之间拉锯。但只有这样，生活才不是肤浅的，而是变得既紧张又深刻，这也是"深刻地活着"这一概念的隐含意义。

语言是很好的指南。"深刻地活着"就是充分活出自己的生命，作为个体的生命。"深刻地活着"就是"激情地"生活。这种对等关系不言自明，但我们现在可以进一步解释如果激情能衡量存在的强度，那是因为根据定义，它就是个体面对矛盾考验时的反应：

我经常想，如何让一个人感受到激情。我对自己说，我让他骑马，然后吓唬他，把他扔到地上；或者，为了使激情爆发，我让一个着急赶路的人（他已经有情绪了）骑上一匹几乎不能走路的马！如果我们必须了解存在，那这就是存在的方式。或者，如果一位马车夫已经失去了对生活的激情，我就在他的马车上拴一匹天马和一匹瘦马，然后对他说"现在就出发"——我相信会成功。要感受到存在，也要用同样的方法。永恒就像那插上翅膀的高速天马，生活就像一匹瘦马，而人就是马车夫。

——《哲学片段》附言

克尔凯郭尔为什么要以这种方式唤起激情？因为人要想做自己，去承担矛盾的重量，激情就成为他必须呼吸的空气。相反，个体保有的激情越少，他就越倾向于成为"其他"。如果绝望是必须克服的邪恶，我们首先要治愈的病症，就是这种忽略个体存在本质的自然倾向。

这种倾向不是个体造成的。如果每个人都很难欢迎激情，那首先是因为时代几乎不鼓励，甚至引导我们忘记它。在这种普遍倾向下，即使是肯定拥有激情的人也无法自主选择它。问题的症结指向广泛的现代性运动，也就是发生在十七世纪的知识革命，我们直接继承了这一革命的成果。因此，激情被遗忘不是简单的意外。个人问题很容易纠正，但它是由连贯的理论体系推导出来的，并依托有力的证据强加给我们。为了摆脱它，我们必须掌握其中的逻辑，具体内容如下：

整个世界的演变趋向于确立个体范畴的绝对重要性
【……】这一范畴被认为是抽象的，因此在实践上还远远不
够，这就解释了为什么我们向别人谈及个体性时，他们会
认为我们傲慢又自负。

——《日记》第八章

在舞台上，现代性已将主体性的胜利奉为神圣，要求
维护其权利，反对一切否定它的东西。但在幕后，在现实
中，思维层面的抽象化努力使个人对个体化状况愈加自
豪，但这样的人已不再是真正意义上的个体。现代人，这
个时代的孩子，自发地沉溺于一种神话般的存在，这与前
人的经历无法同日而语。

研究思想史的学者习惯于从三个领域来描述现代性运
动。在知识领域，现代性肯定"思维主体 (sujet pensant)"。我们
认为自己是有理性的人，有权自行判断真理和谬误，而不
屈从于权威，因为它会迫使我们相信既定的真理。哲学家
康德提出："要有勇气运用自己的理智！"这是启蒙运动的
口号，至今仍然是我们的座右铭。

　　在道德和宗教领域，现代性正逐渐放弃对天国幸福的追求，转而对尘世幸福进行重新分配。问题不再是登上天堂，而是实现当下的幸福。因此，每个人都被确证有权为实现个人幸福而努力，这种幸福被同化为过上富裕生活的雄心壮志，并逐渐为"资产阶级"价值观的绝对胜利献礼。

　　最后，在技术和政治领域，现代性同意个体实现完全的自由，做自己命运的主人。如笛卡儿所说，在成为"自然的主宰和拥有者"之后，人将致力于彻底支配自然。在政治上，个体认为自己不属于任何自然界的群体或后裔。在他看来，现在唯一合法的社会是基于法律契约的自由联盟。

　　这三个领域共同肯定个体性的地位，除此之外，它们还有哪些共同之处？"思维主体""有产者"和"主权个人"的形象代表了现代性三个互补的方面，它们共同谴责激情。思维主体认为理性才是理想的，才与自身相符合，因而排斥激情。有产者更倾向于利益而不是激情。至于主权个人，则拒绝激情这种被动的标志，梦想将自己从中解放出来。总之，我们的时代否定了激情存在的合法性，这必然导致个体陷入幽灵般的生活。

思维主体的神话

激情衡量的是个体与生存条件之间的契合度。我们注意到，如果没有充满激情的身体和灵魂，就没有构成真实自我的一切，也就永远不可能有真正的激情。激情迫使我们作为自我存在，成为"复杂的肉体和意识的回声"[1]，而不是思维的主体，现代哲学崇尚的这一概念只是幻影。

理性与激情的对抗

当今时代，激情并不被看好。证据显而易见，如俗语所说，爱情使人盲目。一个充满激情的人怎么可能是清醒的？激情会影响我们的判断，将波动的情绪力量混入思想中。由于对孩子过度的爱，母亲不可能做出中肯、客观的判断。即使她做出了判断，也无济于事："我知道这是个坏孩子，但这是我的孩子，我爱他。"深爱一个女人的男人听不进朋友的任何客观评判，因为这些评判可能会损害他的爱情。假设人的存在需要身体和灵魂的激情，那么很明显，冷静和客观思考的条件根本就难以存在。

1　出自特里斯坦·扎拉《未完成的人》。

更糟的是人们认为激情是一种盲目的力量，会让人失去自我，激情犯罪就是例子。一个人在激情状态下可能会做出理性不允许的行为，律师会用这一点作为论据："他不再是自己，他已经失去了理智。"如此看来，人的个体性只存在于理性 (la raison) 的能力中。如果个体作为自主的人，能够在理性的指挥下行事，我们将更能成为自己。相反，缺乏理性的个体是异化的存在，也就是说，丧失理智的人是没有自我的。还有那些不得不依附他人权威的弱势群体，比如需要听从父母指挥的小孩，由于缺乏理性，他们也无法做自己。

因此，是理性引导我们成为自己。康德建议我们勇敢地自主思考。他认为，人应该通过开展理性活动来维护个体性，没有理性活动，人只能是情感的玩物，是所有仁慈导师的猎物，他们狡猾地期待着我们的信赖。做自己，意味着有勇气使用自己的理性，而不是让别人决定该做什么或想什么。同样的，我们也可以理解，个体会对侵犯思想自由的人或事表现出极度的敏感，因为个体尊严取决于思想自由。人们可以把一个人关起来，将他的身体软禁在牢房的窄墙内，这会让他很痛苦，但影响不了他作为一个人的杰出品质。如果你想剥夺他的思想，那就不同了，因为思想是人之为人的根本所在！

这种观点对今天的我们来说是如此熟悉，以至于我们很难意识到，它根本不是理所当然的，也不是不容置疑的"常识"。相反，它代表了一种强有力的、历史性的哲学选择。

思想：个体性的宝库

人应该理性地行动，这一观点不算新颖。在古希腊，哲学家们就反复强调，人应该在理性的指导下生活。在哲学家眼里，没有什么比被欲望支配、被愉悦俘获更可悲的了。他们的口头禅是："智者的荣耀，就是在所有场合都表现出谨慎和判断力。"

但他们并没有更进一步，也没有寻求用理性来确证自己的个体性。相反，他们意识到身体的强烈欲望会永久地挫败使用理性的雄心，并对脱离身体、过上纯粹的精神生活感到绝望。他们完全意识到"身体和灵魂"的存在，承认人是身体和灵魂的集合体。他们认为实现个体性的关键在于创造好的条件，构建身体和灵魂的和谐，在理性和欲望之间寻求最佳平衡，让两者齐头并进，而不是互相对抗。

现代性中根本性的新元素是我们把思维 (la pensée) 看作

个体性的唯一载体。我们认为正是通过思维，也只有通过思维，人才确证自己为人。事实上，身体属于我们，但它不只是工具，也会作用于我们。例如，当我们受伤时，会感到疼痛，身体的伤口会对意识产生影响。我们能清楚区分身体 (dans nos corps) 上发生的事情——伤口和"我 (en nous)"发生的事情——感到痛苦。在这种情况下，"我"的变化是痛苦在意识中的停留，它意味着思维的变化。在这个思考过程中，你或我都不再是一个"思想主体"，而是完全不同的"思维主体"。

思想主体是一个具体的、单一的个体，有身体、情感和激情。相反，思维主体是思维本身，它已经成为一个真正的主体。思想主体除了思考，还要做许多事情——吃、喝、睡、走等。思维主体除了思维之外没有别的东西。正是通过思维，也只有通过思维，人才能感到自己的存在。这种新视野解释了为什么今天我们如此重视"我思"，因为剥夺"我思"，即是剥夺"我在"。

没什么比思维更具个人色彩

这难道不是一种用来促进个体性的古怪方式吗？因为在我们拥有的所有东西中，思维难道不是最不个体化的吗？当然，如果我们说思维是"个人的"，那是因为它来自于我，而不是他人。我们承认这种说法并不代表思维是个体化的，只意味着我们假设自己和其他任何主体一样是"思维主体"存在的条件。也就是说，我们只是在表达自身有能力思考，但个体事实上不过是思维主体中默默无名的一个。

当人们吵着嚷着要自由地"想我所想、信我所信"时，我们不能将之看作自我侵略性的表达、强调自我的表现。相反，它标志着我们热切希望向所有人——从最不善言辞的小学生到最具经验的智囊，从最谦虚的学徒到知识渊博的学者——民主地开放理性思想的快乐天堂。这就好像我们判断每个人都能够参与伟大的理性生活，于是向他们发放"能力证书"一样：

　　我们忽略了人性，每个知识投机者都把自己和整个人类混为一谈，由此他既成为无限伟大的东西，又什么都不是，他毫不谨慎地将自己等同于整个人类，就像反对派媒体惯用"我们"这个人称，而电影中的船长们会说："我们一定是着魔了。"【……】当人们看到一个再普通不过的小业主玩不了人类的理性游戏时，就会发现，做一个纯粹的、简单的人，比参与社会性游戏更重要。

　　　　　　　　　　　　　　　　　　　——《哲学片段》附言

思维主体与乌合之众

成为思维主体后，个体曾骄傲宣称的"我"变成了"我们"，而现代性在政治上生产的正是这种"我们"。当下，推动个体沦为纯粹的思维主体导致大众社会的出现。在这个问题上克尔凯郭尔最有发言权：没有哪位哲学家比他更关注个人范畴，也没有人像他一样预见了十九世纪初诞生的乌合之众带来的威胁：

在我们国家和其他地方，共产党人正在为人权而战。这很好，我也是。这正是为什么我全力以赴地反对恐惧，反对暴政。暴政要粉碎宗教，取而代之的是大众、多数派、人民和公众的恐惧。

——《日记》第八章A

"大众""多数派""人民"和"公众"这样的称呼已经成为政治生活中普遍的运作模式。尽管我们可能会在这四个术语之间建立差异，但它们都有共同点：把人作为单纯的数量单位、完全没有区别的原子。来找你的民意调查员并不关心你（个人）是谁。对他来说，能够把你归入众多类别中的一个就足够了——"工人""管理人员""学生""50岁以下的家庭主妇"等。法国社会就像马赛克，它的组成部分各具特色，分配给每个人的角色和责任各不相同，它不能被"法国人民 (peuple français)"一个词统而代之。人民指向乌合之众，他们籍籍无名，完全平等，不分彼此，他们的个体性不明显，发出的声音也毫无差别。

显然，将个人置于这种冷漠状态是危险的。纯粹的数字性存在赋予了个人匿名性，解除了个体责任：既然我没什么特别，那我也无须对任何事负责。因此，一个匿名网友在论坛上的行为往往是粗俗和咄咄逼人的；如果他必须公开自己，那就不同了。这种现象在心理学上众所周知：一个原本有同情心的人在融入无差别的人群中时，总是倾向于放弃原有的约束。个人越是没有个人的价值，就越感觉不到自己对行为的责任。匿名者时不时就聚集在一起引发舆论暴力，也证明了这种倾向：

我们应该深入看待这个问题，了解其中危险。即便是好人，一旦成为人群中的一员，也会变成完全不同的人。我们看到那些原本善良的人喊着："真丢人！你说话做事都让人恶心！"城市和国家因此陷入流言的旋涡，而这结果也有他们的"一份力"。人们必须看到，曾经的善人作为公众时却做出无知的行为，他们轻视自己的参与或缺席——这样的现象一旦繁殖就会产生怪物。

匿名的群体永远产出不了好东西。伟大的集体行动只有在每个个体都亲自参与的情况下才有价值。例如，抵抗团体的价值就是：他们团结在一起，有意识地为一个共同的理想而战，他们每个人都作为个体暴露在死亡威胁中，但这并不能把他们分开。每个人都冒着生命危险，这一点足以证明他们完全参与进来了。也就是说，他们充满激情地参与着，他们必须对自己负责，因为每个人身边都有战友，每个人都不是籍籍无名，他们可以依靠集体的力量，但如果个体缺乏动机，群体就不可信赖。

群体在具体行动中总能给人们带来所需的能量。在伟大的集会中，每个人都能感受到他人的情感（émotion）并团结一致。但当枪声响起，每个人都突然变回自己，四散奔逃到安全的地方。激情不是情感，情感是一种共情方式，而激情是厚重的，它促使个体将自己的身体和灵魂奉献给一项事业。激情不会阻止我们成为自己，相反，激情为个体提供了独一无二的保护：

个体（每个不同的人）因对同一个想法抱有强烈激情而团结在一起，他们与这个想法保持了根本性关系，他们处在正常、完美的状态。这种情况让团体中的个人都与众不同（每个人都保持独立），同时在思想层面紧密团结。保持自我本质上是一种谨慎的尊重，它防止了个体之间任何粗鲁、轻率的行为。相反，一旦个体必须集体性地（即在没有内在个人界限的情况下）与一个想法联系起来，我们就会收获暴力、违纪和混乱。

——《文学评论》

关键问题

1. 你如何在别人面前展示个体性，展示你的愿望或个人观点？当你发现自己被困在不感兴趣的话题或不擅长的话题中时，你是否觉得自己被迫表明立场？为什么？

2. 你有没有参加过大型聚会？你觉不觉得自己融入了一件大事，就好像你的个性被一股强大的潮流所吸引，让你产生冲动，在情感上分享人群的脉搏？第二天醒来时，你是一个人，那你还能感觉到前一天的兴奋吗？

客观性知识的幻觉

我们不仅将自己等同于毫无差别的理性产物，还想用统一、完美、高人一等的理性统治知识领域。我们因此忽略了激情，而这不仅会对个体造成伤害，也会在知识领域造成灾难性后果。当知识变得纯粹客观时，它就成了一种"畸形的知识"，与人的存在不再有任何联系。

激情与知识并不对立

上一节提到过，热恋中的人很难客观。我们由此推论，激情会蒙蔽人的双眼，不利于知识的产生。但这一结论过于仓促。一旦恋爱中的女人怀疑爱人出轨，她就会突然变得十分清醒，什么都逃不过她的眼睛，她能抓住所有细节，并精准分析。这时，狂热的爱变成了对真相的强烈渴求，盲目终止了，而激情丝毫不减。正是因为她投入了所有的激情，投入了身心，才会以惊人的速度发现真理。这一现象让经验丰富的调查员都感到惊讶。如果没有充满激情的求知欲，她永远不会如此有效地调动思想。

因此，不应该以追求知识为名贬低主体性，甚至忽视激情。相反，我们必须认识到，对客观知识的渴望需要主观思想的支持。事实上，在求知欲推动下获得的知识，才算名副其实。我们能在学校或其他地方学到知识，但都不是真正的知识，因为我们没有把它变成自己的：

总的来看，理性是一个奇怪的东西；如果我用饱满的激情去看待它，它就会变成一个关键的必需品，能够改天换地；如果没有激情，我都不屑去评判它。

——《或此或彼》

我们或许应该从中窥视到社会的秘密。在不知不觉中，人们建立了一种知识经济，并为此付出了巨大努力，但由于激情被禁止，知识已名存实亡。这就是克尔凯郭尔指出的悖论：我们拥有了前所未有的知识，却没能真正了解求知的含义。当一个青少年高中毕业，他应该已经学到了很多东西，但有多少是他"不屑一顾"，一毕业就忘记的？我们是否认为，像把液体倒入漏斗一样给他一定的信息，就可以形成知识？对我们来说也一样：我们看起来有教养，有文化，但仍然是无知的，不是吗？只不过我们没有意识到自己的无知。

客观知识不能产生确定性

如果我们不得不以存在的匿名性为代价来换取普遍有效却无法吸收的真理，这些真理对我们又有什么意义呢？如果我们只追求纯粹的客观性、思想的真实性，知识就变得无足轻重。人们知道阿基米德原理是真实的，但对我们来说，如何解释身体在水中的规律，是这个原理还是另一个原理，并不重要。同样，地球围绕太阳旋转是毋庸置疑的，但如果事实证明相反的假设更好，我们也会乐意接受。我们不怀疑真理，并不意味着对真理的绝对把握。换句话说，这些真理可能是不容置疑的，但它们仍然具有或然性，即不一定是真的。

对于这个时代，我不想说太多，但如果观察这一代人，我们难道会否认？不和谐、痛苦和焦虑难道不是出于以下原因？真理的广度、容量、抽象的清晰度都在增加，确定性却在不断减少。

——《焦虑的概念》

如果客观知识无法产生确定性，那么无论它所依据的论证多么出色，都只能是无关紧要的。要使知识产生确定性，身心都要浸入求知的热情，只有这样才能产生"尤里卡"[1]！在这句感叹中，我们必须看到个人捍卫真理的姿态，看到真理的天平上有自我的力量。这不是由客观中立的头脑得出的沉闷结论，而是一个充满激情的人坚定拥抱他追求的真理。只要看看孩子在理解了一些重要的东西后眼中闪现出的喜悦和自豪就知道了，从中我们可以得出一些有用的教学建议：

这就是教育的重要性，它不是让孩子学会这个或那个，而是让灵魂成熟，让能量被唤醒。人常说，聪明很重要，谁会否认这一点呢？但我几乎相信，如果你想，你一定会用自己的方法去实现目标。拥有能量和激情，才能拥有一切。

——《或此或彼》

当客观知识变得毫无价值

如果我们寻求的知识是与自我相关的，遗忘激情这种

1　阿基米德发现浮力计算方法后喊出的词语。

轻率行为就会让我们犯错。众所周知，人的寿命有限，每个理性的人都很容易认同"人都会死"这一客观事实。从理性角度看，我们听到这种观点后，会很快做出判断。想象一下，在一场晚宴上，一位客人感叹说"不相信人都会死"。毫无疑问，你会认为这个人疯了，失去了理智。理智的人确实会理性思考，并心无旁骛地寻找真相，但他只关心真相的客观有效性，而对其他事情不感兴趣。他只在意自己相信或不相信这个事实，其他的都不重要。"我相信""我认为""我信服的真相是""在我看来"等，有多少次演讲是以这些话语开始的？理性的人满足于得出无可指摘的结论，认为没有必要进一步思考。对他而言，思考的唯一目的是达成一个坚定或可信的判断。一旦实现，他就停步不前。

但事实上，一个人要想找到真理，感受它非凡的存在深度，就必须成为真正的思想主体，而不是单纯的思维主体。要在"人都会死"这个完全客观的普遍陈述中看到针对"我"而不是针对所有人的死刑判决，要穿透真理去感受：所有的日子都是有限的，达摩克利斯之剑高悬，我将死去，因而我必须珍惜生命中的每一秒。我们需要对知识进行反向思考：从客观出发，通过沉思，寻求属于"我"的独特真理。

"思考死亡"不等于在头脑中形成人都会死的抽象思想。我们要用主体持久的努力和激情防止知识倒向如今的趋势：畸形、轻浮，与人有关的知识被转化为分散注意力的手段。

对痛苦和苦难的礼赞，对永恒的称颂，每个人都熟记于心。如果有人持不同观点，他就会被认为是魔鬼，或是傻瓜。我们知道，在外部知识的帮助下，人类认为自己已经到达了七重天[1]，但假使人类知晓一切，就不可能再进步。如果有人在听到恺撒烧掉整个亚历山大图书馆时稍稍松了口气，那他纯粹是希望过剩的知识再次被带走，这样人类就能重新学会什么是像人一样活着。

——《哲学片段》附言

关键问题

1. 让你重新参加高中毕业考试的话，你能顺利通过吗？换更容易些的：初中毕业考呢？所有这些知识

---

[1] 欧洲的神学家认为，地球周围有九重天。月亮、水星、金星、太阳、火星、木星、土星由内向外依次在第一到第七重。第八重是恒星天，第九重是最高天，神居住的地方。——译者注

不是应该陪伴你一生吗，这些教育难道不该确保你拥有基础的文化知识吗？

2. 你喜欢学习，喜欢受教育吗？你对教育有何期待？为什么你喜欢不断学习新事物，是求知的乐趣，还是只想了解一下？回答这个问题有个简单的标准：如果你喜欢学习新事物，但始终无法确保持久性，你就不是真的有求知欲。

3. 读完本节后，你可能会同意克尔凯郭尔的判断。如果确实如此，那就更好了。但接下来，你既然同意，下一步会怎么做呢？它是否让你在做事或看问题的方式上做出深刻改变，还是说它只是增加了你的知识？你觉得你有足够的信念去改变吗？

4. 你认为自己比较客观还是主观？有哪些理由？诚实地说：当你说出一个想法时，你是否真的想清楚了，还是参考了"专家"的说法？你的思维在哪些方面真正属于自己呢？

放弃极乐

对生活的反思会自然产生无限和永恒的感觉，由此才会触发激情。但现在，人的存在似乎被困在有限的、乏味的制度中，以至于人们很难接受激情。激情被遗忘，就等同于个体性被遗忘，换句话说，人们沉浸在小心翼翼的生活中，不敢越雷池半步，中规中矩地追求幸福。这样的我们忽视了人对幸福的天然吸引力。

激情的绝对核心：爱

一个对工作充满热情的人，一个钟爱电子游戏的青少年，一个为事业激情奋战的活动家，一个热衷于文学的孩子，他们的激情有何共同之处？那就是，他们的激情都是某种形式的爱。对工作充满热情的人爱他的工作，就像青少年爱电子游戏，活动家爱他的事业。因此，所有激情都与爱有关，但这种爱往往是过度的。

事实上，热烈地爱着某样东西，不管是某项工作还是某项活动，一件东西还是一个人，都是爱的表现形式。因为激情的加入，这种爱看起来更像是我们所说的高等级的爱，如母亲对孩子的爱，男人对女人的爱。而有的男人热衷于工作，妻子甚至会说：他娶了工作，因为他对待工作与对待爱情相同。如果有一项事业需要他做出巨大牺牲，他会因无法兼顾而放弃对女人的爱。当然，对工作的爱也是爱，即使它不以人为对象。

这就是为什么我们体验激情的能力与爱的能力密切相关。不懂爱的人也不懂激情，体验爱的方式决定了激情的命运：

缺乏对无限的想象会削弱爱的信仰，也会削弱对激情的信仰。我们会被诗歌抛弃，堕入有限，眼前只剩糟糕的政治。如果政治是以无限的激情来构建，它自然能够产生古代的那些英雄。在无限的世界里，做错事的英雄会承担所有坏的结果，在热爱中个体能够获得信仰。

——《生命之路》

以上例子解释了为什么爱情关系、亲子关系、夫妻关系在克尔凯郭尔的理论思考中占据了核心位置。爱代表最纯粹的激情。爱是内核，围绕它的是激情的整个星系。有个简单的标准能够衡量我们的生活中是否存在激情：问问自己，我们对哪些事情、活动或人的关注会像恋情一样专一、热烈和持久？看一晚球赛可不能证明一个人热爱足球，足球在他心中的位置、他对足球的激情应该体现在日常生活中，比如为足球投入的时间，为了不错过重要比赛花费的金钱，满心都是足球顾不上其他事情的状态，等等。激情没那么简单。事实上，当我们认为激情不过是心血来潮时，我们已经远离了爱。

爱与激情的困局

激情是生命、身体和灵魂的全情投入，它自然而然地倾向于极端。激情本质上意欲占据所有空间，因此我们的生活不会留给它太多位置。换句话说，伟大的激情近乎于禁欲主义：它的存在需要牺牲一切。一位伟大的教师只为教学而活，一位伟大的艺术家只为艺术而活。一位作家在写作之外看不到任何救赎，他的整个生活，包括家庭生活都必须围绕这个重心展开；只有这样，我们才能说他对自己的工作充满激情，写作是他命中挚爱。

这种全身心投入的方式调动了巨大的能量，不管怎么看都令人钦佩。黑格尔说："世界上没有任何伟大的事情是在缺乏激情的情况下完成的。"如果不是因为内心燃烧的熊熊火焰，拿破仑就不会征服欧洲，也不能成为自己；如果莫扎特没有倾情施展才华，就不能成为如此伟大的作曲家。但严格来说，这种激情对幸福无益。我们必须认清现实：激情中存在无序性，这使它无法成为眼前利益的最佳盟友。

从谨慎和幸福的角度来看，激情并不好。人们说它是一种疯狂的欲望，能令利益、规则全部失衡。比如，热烈的爱让人毫不计较。激情支配一切，要在其中找到正确的平衡点是不可能的。充满激情的人是个独裁者，会为他的狂热牺牲一切，就像那些沉迷电子游戏的孩子，连吃饭的时间都没有，他们担心如果离开屏幕太久，就会失去宝贵的时间。

幸福经济学坚持建议将激情限制在一定范围。婚姻咨询师，就像研究这些问题的哲学家一样，不断警告我们极端爱情的危险性。一些年轻人缺乏恋爱经验，他们沉溺其中，幻想与另一半的融合，这让人想起柏拉图的两性神话：很久以前，人类是球形生物，他们不是有两条腿、两条胳膊、一个头，而是有四条腿、四条胳膊、两个头，他们的世界是双重的。宙斯厌倦了人类的无礼，决定把人一劈两半。原始的生命中诞生了两个个体。他们互不相干，却都抱有失去的感觉。"每一半都对另一半感到遗憾，并试图再次与它结合。"[1]

从想象方面来说，故事对热恋的看法相当准确。它首

---

[1]　出自柏拉图《会饮篇》。

先是一种融合的爱，基于对彼此的绝对依赖。没有"另一半"，我们觉得自己不完整，什么都不是。但由此可见，爱情并没有赋予我们个体性，它没有让我们成为完整的人，而是变成了他人的一部分，从而剥夺了人的个体性。按故事中的说法，完整的个体性只存在于夫妻双方，没有对方，个体就毫无价值。如果说爱情的破裂产生了许多难以忍受的痛苦，那是因为它常常迫使我们重新学习如何用两条腿走路，而我们多年来一直以为自己用的是四条腿。

激情之爱是一种狂野的爱，它让另一半梦想着失去的乐园（最初双性同体的形象），而这美梦他根本无力承担。我们将对方神化，希望他或她成为我们的一切，但这种骗局无法持久，所以浪漫小说中的爱情总要以婚姻结束。

这些作品的有害性和不健康之处，在于把开头写成了结局。在经历了命运的诸多考验后，恋人们相拥而泣，大幕落下，全书结束，读者无法进一步思考。当爱的火焰熊熊燃烧时，要得到勇气和智慧并不困难，人会为这世间最美好的事物全力以赴。但要克服欲望达成之后的倦怠，需要果决、智慧和耐心。为了征服对方，燃烧的爱欲会令人无惧暴露于危险之中，甚至在没有危险的时候主动制造危险，只为战胜它。这一切都是自然而然的，不是吗？所有的注意力都集中在爱情上，一旦危机解除，掌控全局的人会知道接下来该怎么做。

——《或此或彼》

大幕落下，之后发生的事我们凭经验就能知晓。人们为爱付出了大量赌注，换来的却是同等的失望。这时，爱的捍卫者就会与爱的诋毁者同仇敌忾，为爱痴狂但尚未经历婚姻的人与早已习惯争吵的人最终殊途同归。一句话：对爱的过分期待越多，产生的厌恶就不可避免地越多。

多少男人因为他的缪斯成为天才、英雄、诗人、圣人，却没有男人因为妻子变成了天才，妻子最多只能让他成为国家顾问；也没有任何男人因妻子成为英雄，通过她，他最多成为一名将军；没有任何男人因妻子成为诗人，通过她，他只能成为一名父亲。

——《生命之路》

友谊之爱与激情之爱

简而言之，充满激情的爱回到了希腊哲学家们所说的"死胡同"。从幸福的角度来看，的确是这样。与其向激情屈服，我们更喜欢有分寸的爱，它避免了过分期待。幸福经济学恰如其分地要求我们放弃爱的激情，以便沉浸于更加包容的友谊之爱。什么是友谊之爱？一种没有激情的爱，一种视对方为伙伴而非生命的爱。幸福经济学认为将情感视为投资更为理智，有益无害，原因如下：

首先，友谊之爱更具可持续性。许多成功的夫妇选择这种爱的模式：夫妻双方互有好感，是住在一起且彼此心照不宣的朋友。他们埋葬激情，作为夫妻幸福地生活，这种方式值得肯定，因为互相理解保证了夫妻关系的存续，成为好朋友符合双方利益。此外，友情有一种罕见的美德，朋友知道彼此的优点和缺点，却能喜欢对方本来的样子，而在爱情中，深入的了解会导致幻想破灭，让激情之爱难以生存。

另外，友谊之爱更能忍受分离。朋友之间即便距离很远、互不见面，也依然会把对方当作朋友。友谊并不像爱情那样极端，两个朋友可以商量着分开，而没有被背叛的感觉：

　　　　她认为自己可以很好地和另一个人暂时生活在一起，

但如果出现更好的，她想保留重新选择的权利。她把婚姻当作一种制度，当婚姻结束时，人们只需要通知当局旧的婚姻已结束，新的婚姻已缔结，就像人们换房时会告知政府一样。

——《或此或彼》

上面这段话对离婚的讽刺性批判，并没有忽略婚姻中的可怕矛盾。恰恰相反，它只是在某种程度上指明，离婚制度与其说是对婚姻的威胁，不如说是一种补救，它可以使爱情关系更有活力。但实际上，克尔凯郭尔批判的正是这一点。

两个人因为爱情走入婚姻，他们庄严地交换承诺，见证人流下感动的泪水，这一刻的价值在于人们愿意看到爱情被表达，看到夫妻双方都把对方视为全部的生命。在这一刻，承诺的庄严性（至死不渝）与激情相匹配。将婚姻降格为可以随时终止的合同、一个友好协议，这不是婚姻，而是一种放弃。这个决定或许是清醒的，但它完全抛弃了激情之爱，这样一来，也就抛弃了婚姻。人们可能会得出以下结论：付出承诺不如演戏，不如将永恒换作利益。

我们可以信赖什么？没有什么是不变的，我爱的也会改变，不是吗？我将来可能还会遇到别人，他可能会成为我真正的理想型……我必须与某人密不可分可能会导致这样的结果，我全心全意爱着的人，或许会变得令人无法忍受，也许会吧，等等【……】不难理解，结婚五年、十年的夫妻都会有这种心态。

——《或此或彼》

激情之爱渴望极乐

如果我们追求的是幸福，那激情不是个好归宿。相反，激情必须倾向于节制，以免损害我们的利益。我们应该选择友谊这个可修改的合同，而不是选择确定的婚姻。从幸福的角度来看，激情难以立足。

但这足以否定激情吗？准确来说不能。因为我们能意识到，伟大的爱不是用个人利益来衡量的。罗密欧和朱丽叶的爱情是不幸的爱情，但依旧令人钦佩和羡慕。爱情没能使他们快乐，那是什么让我们钦佩呢？事实上，激情关注的不是幸福。如果莫扎特想找到幸福，他就不会不要命地工作。如果拿破仑想获得幸福，他就会安静地待在家里。幸福根本不是他们的目标。

不是幸福，那是什么？我们的激情达到了这样的程度：我们感到被一种绝对的需要驱使，它将平静的幸福视作投降。

"我，像狗一样……"洛特雷阿蒙写道，"我需要无限……我不能，我不能满足于这种渴望！据我所知，我是男人和女人的儿子。我很惊讶……我认为自己是更多！"[1]这意味着拥抱激情的人并不向往幸福，而是向往极乐（béatitude），一种涵括了永恒与无限的理想状态。

只要听听人们相爱时所说的话就知道了。我们承诺永远相爱、永不分离等等，这种超然的语言不是偶然的，它确切地反映了爱情中的我们和相爱的方式。"无限""永恒""绝对"，所有这些看似宏大的词汇，在爱情中是无可替代、永恒不变的。没有它们，人就只能变成冰冷的计算器。

像一切永恒的事物一样"爱"具有双重性，即认为自己在过去和未来都是永恒的。诗人们常常吟唱的正是这一点，说恋人会有一见如故的感觉，仿佛已经相爱了很久。

——《或此或彼》

1　　出自洛特雷阿蒙《马尔多罗之歌》。

激情自然趋向于带领我们走向极乐。看看孩子们就知道，不是年轻的，就是小女孩、小男孩对生活的期待普遍比成人高很多。他们梦想着壮丽的冒险、闪亮的事业、伟大的爱情，他们希望生活有一种持续的快乐。而理智的成年人会用警惕的眼光看待这种强烈的渴望。我们经常像智慧的底比斯国王克瑞翁一样，他给侄女安提戈涅上了一堂现实主义课：

到很晚的时候你才会明白，生活是一本喜欢的书，是一个在你脚下玩耍的孩子，是一件趁手的工具，是晚上可供你在屋前休息的长椅。你可能还会鄙视我，但你会明白，会知道，对老年人来说，活着就是安慰，活着就是幸福。

——让·阿努伊《安提戈涅》

这段话很有意思，因为对于稍有生活经验的人来说，它似乎充满常识性，但更重要的是它具有双重性：说这些话的人并没有完全放弃对极乐的渴望，只是认识到"平淡的幸福才是生活"，并接受了现实。幸福是一种匮乏，它是对现实轻易的满足，而不是对极乐的追逐。忘却极乐并不是放弃超越自我的冲动，只是放弃了一个在我们看来无法实现的计划。让任何一个人在平静的幸福和上天堂般的狂喜之间做出选择，他都不会犹豫太久。面对孩子们的天真愿望，我们会微微一笑。我们可以理解，但与他们不同的是，我们已经学会放弃不可能的事。世界就是如此，人生就是如此，极乐不属于这里。而这正是沉浸在激情中的安提戈涅拒绝听到的东西：

> 您所说的幸福让我感到恶心！应该用生命，不惜一切代价去爱。只有狗才会找到什么就舔什么。如果人们要求不高的话，这种小小幸运每天都有。而我，我要所有，还要立刻得到，要么得到全部，要么就拒绝！我不要平庸，乖乖满足于小恩小惠。我要掌控今天的一切，让它像我幼年时一样美丽，否则我宁愿选择死亡。
>
> ——让·阿努伊尔《安提戈涅》

毋庸置疑，有了这样不理智的愿望，她别无选择，只能赴死。

狂热的生活

幻想融合的爱存在缺陷，但它的缺陷不是驱动它的激情，而是它想达到的目标。如果所有激情之爱都以极乐为目的，我们怎么能体面地期待一件事或一个人就能满足我们？原则上说，极乐是一种完美的快乐，是欲望的极限，那么能满足这种欲望的对象必然是一个绝对的对象。

这并不意味着我们永远不可能全情投入地爱上一个男人或女人。当然不是！但所有的激情之爱都会不可避免地背离初衷。有一天，我意外遇到一个女人……我对她一见钟情！她的一个眼神就足以唤醒我那已经遗失的永恒。我爱她！爱她让我找回自我，爱她唤起超越"我们"的伟大渴望。如果把爱定义为一种激情，一种迷狂，一种陶醉，那恰恰标志着爱是通向极乐的驱动力。当我说我爱她时，我的意思是，通过她我才认识爱。换句话说，她不是我爱的真正对象，也不是爱的目标，她是爱的起因，是爱珍贵的发动机。

幻想融合的爱错在把爱人当作极乐的容器。我们没有在她身上看到打动我们的部分（为了我爱的女人，什么都值得去做，不是吗？），而是看到了我们缺少的部分。幻想融合的一方不断追求，而真相对另一方来说难以承受。准确地说，追求极乐就像追求崇拜的偶像，人们会将心爱的对象神圣化。但是从根本上讲，幻想融合的爱是一种否认极乐的方式，它试图把极乐还原为暂时的、有形的幸福。在这种情况下，人们虽然没有放弃极乐，但更乐于享受幸福。

一位作家正是通过写作的热情才奔向极乐。如果我们看到他做出的牺牲，就可以肯定他不是在寻求自身的幸福。还有，一旦他开始忧虑作品不被公众欣赏，一旦他彻夜难眠，一旦他在读到负面评论时陷入绝望，他就又处于另一种情况：显然，他为了一些小事让自己痛苦不堪，他所追求的仍然不是幸福。这时，痛苦的程度衡量的是他的期待值——他通过写作追求极乐，却错误地将写作带来的名望声誉等同于极乐。

希望出名并没有错，荣誉是幸福的要素之一，但为了追求名声而放弃极乐是有问题的。它表明我们对荣耀的期望超过了它能给予我们的，我们追求它胜过追求极乐。同样，无论我们多么热烈地爱一个女人，在她身上发现多少魅力，她仍然是一个像你我一样的人，一个相对的存在，有她的缺点和限制。因此，我们不能将极乐的希望完全寄托在她身上，这是强加的负担。这个负担太过沉重，她无力承担。

小资的幸福？

这是否意味着渴望极乐是无用的，因为它难以被满足？那么我们难道不该放弃这种欲望，转而寻找简单的幸福，一种完全为我们定制的世俗幸福吗？就是那种带有生活感的、熟悉的幸福。"太幸福了！"我们有时会在美味佳肴前这样感叹。我们不得不承认，幸福就存在于日常乐趣之中。

如果没有追求极乐的野心，爱情就注定失去它的首要地位。我们会更期待舒适和安全的夫妻关系，而不是充满活力与热情的情人。对安全的追求建立了一个完全不同的等级制度。在这里，生活中的具体需求优先于其他一切。如果幸福是在世间寻求满足，我们就必须找到自己的幸福之路。还有什么能比实在的财富更接地气呢？俗话说，有钱不等于幸福，但多少有些帮助。

不言而喻，克尔凯郭尔和他那个时代的所有浪漫主义者一样，不赞同这种理想的"资产阶级幸福"。这种幸福中，个人利益取代了激情的强烈吸引力，并以这种方式压制人对极乐的自然渴望，剥夺了人的个体性。它导致我们过着克尔凯郭尔所说的庸俗、虚伪的生活。庸人的特点是自称为现实主义者，与现实世界保持着密切联系，生活在眼前的苟且中。他反复对自己说"没有远方，没有别处"，小心翼翼地禁止自己怀有任何不切实际的愿望，强迫欲望保持在特定范围内：

> 人们总是思考那些无关紧要的事，而不聚焦我们独一无二的需要，所以我们不明白这种精神的贫乏和狭隘意味着自我的丧失。这种丧失不是因为它蒸腾在无限中，而是因为彻底被有限封闭。我不再是人，不再是我，只是一个数字，一个永恒重复的零。

> ——《论绝望》

总而言之，庸人失去了通往无限的指南针，这一点至关重要。丧失对"绝对"的追求，就是丧失理想。根据定义，理想是一种不可能，人们总是努力争取，却从未实现。它的作用是给我们一个可供寻找的方向，而不是一个需要达到的目标。理想体现了一种不属于这个世界的完美状态。例如，在政治上，理想被称为"乌托邦"：词源上指一个不存在的地方。

然而，理想的作用不是鼓励我们逃离所处的世界，相反，只有清楚它的不切实际，才能更好地把握它。诚然，乌托邦总是无法实现的东西，就像极乐或是完美无缺的道德。但如果没有这些理想，我们还会有改变世界的雄心吗？例如，如果没有自由、平等和博爱的理想来推动，法国大革命还会发生吗？

庸人的问题是，他已经完全放弃了极乐的理想。没错，他是脚踏实地了，但再也不会像其他人那样仰望星空。他沦落到在地上爬行，为了追求舒适丧失了个体性。他热衷于随波逐流，缺乏抵御时代洪流的内心力量，他注定要"泯然众人矣"。

关键问题

1. 你是否曾经爱得死去活来，以至于觉得失去了自我？你为什么要放弃自己，是出于爱吗？你是否觉得不可能以其他方式相爱？

2. 你是怎样感受到激情在恋爱关系中逐渐消失的？你认为这是好事，因为激情的消失为真诚和温柔留下了空间，还是认为这很糟糕，因为你沉迷于激情，无法轻易放手？

3. 当你坠入爱河时，是什么感觉？你是否觉得爱上别人以至于忘记了自己？你有没有这样的感觉，觉得自己不再是从前那个充满活力的人了？难道你的爱人没能凭借她的存在唤醒你热情的能量吗？最后，我们如此追求爱情，难道不就是为了感受生命的活力吗？

4. 假设你的生活满足了"幸福"的所有标准——一位相处融洽的伴侣、一份让你充满活力的工作、健康的孩子、一个宽敞且家具齐全的房子等，你难道没有错过什么吗？这真的是你小时候梦寐以求的生活吗？你想要的生活是否更疯狂、更紧张，在那里，你经历的所有都通往绝对？

傲慢的推定：至高无上的个体

对激情的遗忘与另一重遗忘有关，即对现实有限性的遗忘，它构成了现代性的第三个重要方面。个体期待脚踏实地，思想却完全导向超现实。这个悖论有如下解释：激情使我们与超越现实可能的、理想化的极乐相联系；但与此同时，它无可避免地使我们沉浸在理想化的现实之中，由此导致现实的有限性变得不可原谅。个体要想认识到现实的有限性，就需要理想的光芒，两者互相依存，缺一不可。但我们所处的令人不安的境况是：人们忽视了自身的有限性，并已习惯于视自己为"至高无上的个体"。

有限性的考验

许多古代文明中，人被视为终会死亡的"凡人"。这种命运不仅限于人类，还是所有生物的共同命运。人被赋予这个称号，不只是为表达生命的有限，还有其他意思。它以一种纯粹负面的形式定义人的存在："凡人"对个体来说意味着"并非不朽"。换句话说，诸神赐予的不朽之福是衡量人类存在的标准。在这种永恒性的光芒下，人的存在被打上了不完美的印记。死亡象征着有限性，而正是从这一点出发，我们定义了人的境况。

我们已经看到，这种用理想化的永恒来衡量存在的方式是绝望的动因。绝望者对时间的流逝感到绝望，因为他用无法逃避的永恒感来评价时间。他也对必然性感到绝望，因为他以自己熟悉的无限的自由感为评判标准。这些矛盾无法调和，他也就无法成为自己，并因此明白了绝望的实质。如果绝望在今天看来是一种不幸的反常现象，那只是因为我们已经忽略了存在的悲情层面。"悲情（pathétique）"与"激情（passion）"同源，它们的词根"pateor"在拉丁语中的实际意思是"遭受、忍受"，所以悲情本就是与激情伴生的情感基调。

悲情的含义

存在的"悲情性"指的并不是"令人同情"——这种理解方式不对，人们不会喜欢别人对他们说"你真可怜"。存在的悲情层面远没有使生活变得令人遗憾，相反，它有助于让生活变得更加振奋人心，更富有诗意。总的来说，艺术家对生活的常规方面不怎么感兴趣，因为琢磨晚餐吃什么没有诗意或情趣，工作的日常也只是平淡。如果他们这样做了，那恰恰是为了突出重复性生活的可悲。艺术总是有雄心壮志，无论它涉及什么对象，都要由此探索人类生存的伟大主题——爱、死亡、有限性、自由、遗忘等。小说中的人物似乎总过着一种更有张力的生活，因为他们的生活是真正存在层面的生活。

为什么美丽的诗句有种独特的力量，能让人的内心产生共鸣？平淡的词汇很容易被遗忘，那么诗歌激发的是怎样的冲动呢？听音乐时感受到的让人起鸡皮疙瘩的情感来自哪里？审美情感是一种非常特殊的情感，具有让人成为自己、回归本真的效果。罗伯特·昂泰尔姆在一本好书里介绍了二战中他在集中营的经历[1]，讲述了囚犯们组织诗

---

1 这本书的书名为《人类》(*L'espèce humaine*)。

歌晚会，在他人面前朗诵诗歌或诗歌片段的情景。从这里，我们清楚地看到艺术在个体生活中的不可或缺性。要让一个人忘记内心，最好的办法就是让他失去艺术品位这个内心的盟友。一首美妙的音乐、一部优秀的电影或一本杰出的小说能激起内心的情感共鸣，或者说，它们通过唤醒激情，使自我产生共鸣。艺术作品唤醒的是一种情感基调，这种基调恰恰是悲情的那种。当然，也有一些伟大的喜剧，例如莫里哀的作品，但它们并不是反例。

喜剧和悲情

一方面，喜剧和悲情是艺术的两种基调。喜剧和悲情之间的对立不等同于快乐和悲伤之间的对立。有些快乐根本不是喜剧性的，甚至是相当可悲的，例如一个人不合时宜的快乐——把存在的空虚隐藏在持续不断的笑声之下。相反，也有一些悲伤的事情，一点也不悲情，只是无聊。

快乐和悲伤本身并不是特别的存在。一个糟糕的导演可以把悲伤的故事变成一部旨在让人流泪、令人心酸的电影，但是如果他不能捕捉到故事的悲剧性本质，他的作品就只能是可笑的闹剧。因此，一件艺术作品既可以是喜剧性的，也可以是悲情的，还可以是两者兼有的，如莎士比亚的戏剧。除此之外再没有别的可能。

另一方面，喜剧和悲情表达的是同样的东西，只是方式不同。它们并非互相对立，而是殊途同归。悲情以这种方式表达，喜剧以另一种方式表达。两种方式指向同一个现实：

> 悲剧和喜剧是同一回事，因为它们都表现矛盾，但悲剧是痛苦的矛盾，喜剧是没有痛苦的矛盾。
>
> ——《哲学片段》附言

在现实中，两者都表现出对矛盾的敏感。如果说一部喜剧是无痛的，那是因为它只揭示了偶然的矛盾，而不是绝境。为什么当我们看到有人踩在一片树叶滑倒时，都普遍倾向于微微一笑或大笑？因为在这种笨拙中，自由与必然的矛盾以一种典型方式呈现出来：我的身体，通常服从于我的自由，但因为突然不幸地踩到一片树叶而失去控制。多么有趣！这种矛盾是偶然的，因此也是暂时的，与克尔凯郭尔所说的"幽默"完全不同。幽默的级别更高，因为它揭示的矛盾不是偶然的，而是直接指向存在的根本性矛盾。因此，幽默与存在的悲剧性相联系，它让我们发笑，只是因为它用了相反的方式看待悲剧。例如，当我们被永恒感笼罩时，死亡的必然性对我们来说是可悲的。在这个被宣称的永恒中，死亡将永远显得可耻。但是，如果像伍迪·艾伦一样，反过来看这个矛盾，它就会立刻变得有趣："永恒太漫长了，尤其是接近终点的时候！"在这里，幽默大师指出的是，生命的有限使我们无法在严格意义上到达永恒。我们拥有的只是时间，这个时间可长可短，有始有终……试图获得永恒总有些不伦不类。

对有限性的忘却

存在的悲情层面并不意味着生活毫无意义，相反，它赋予生活以张力。为了能够体验这种张力，我们应该保持对矛盾的敏感。诚然，这一点很难做到，做不到也不能归咎于我们自身。在现代社会中，无限不再是衡量存在的尺度，死亡也自然而然地不再是人类的标签。当然，死亡仍然是人的命运，但它不再是存在的限制条件。当个人习惯于将存在与永恒相连时，死亡就失去了核心地位。人们更愿意对死亡避而不谈。当一些话语或作品谈论死亡，我们就会用"病态"去形容，而这一般都是贬义的。每个人都知道（怎么可能视而不见？）自己有一天必须死亡，但今天我们不再把这种有限作为生命的终极意义。换句话说，死亡就像肉中刺，但今天的我们不再从中思考存在。

结果是什么呢？除了有限性，还有什么能更好地衡量一个人的存在吗？让我们回顾一下哈姆雷特那段著名的咆哮，当时他手捧小丑约里克的头骨：

> 天哪！可怜的约里克！……我认识他，霍拉旭！他是一个非常有活力的男孩，充满了奇妙的幻想。他曾无数次背过我。而现在，我心中只有恐怖的阴影啊！我的心好痛。这里悬着的嘴唇，我不知道亲吻过多少次。你的笑话呢？你的淘气呢？你的歌声呢？那些让桌边的人们笑得前仰后合的闪光点呢？什么！你说不出一句话来取笑现在的这副鬼脸？你的嘴唇？……现在去房间找到夫人，告诉她别再涂脂抹粉，她应该来看看这个人！让她对着这个骷髅笑红脸吧……
>
> ——莎士比亚《哈姆雷特》，第五幕，第一场

这里当然传达了对人类命运的可悲看法。"我们可能会说，思考这个问题有什么意义？显而易见，我们没必要把生命浪费在这种令人沮丧的前景上。"但逃避不就是选

择过一种糊里糊涂的生活，在无意义中挥霍生命，假装时间无足轻重，假装我们拥有半神的特权吗？一个人的生活如果失去了有限性的困扰，那它会变成什么？什么将代替死亡成为我们计算时间和权衡行动的方法？

　　在我看来，这世上滑稽的事情中，最可笑的是忙碌，是一个急于吃饭、急于行动的人。当我看到，在命运的决定时分，一只苍蝇落在他的鼻子上，或者一辆汽车匆匆驶过，溅了他一身泥，又或者尼派尔吊桥的桥面在他面前升起，再或者一块瓦片落在他头上砸死了他，我都会发自内心地笑。什么能阻止我发笑呢？这些不安分的人不知疲倦，可他们能做什么呢？他们不就像那个房子起火的女人吗？她在慌乱中只救出了镊子。他们从生命的大火中真正得到了什么吗？

——《或此或彼》

现代的技术崇拜

　　忘记有限性，就会自然地笃信技术力量。现代人摆脱了有限性，如笛卡尔所说，他们认为自己是"自然的主人和拥有者"。技术进步维持了我们的幻觉，即人类可以从必

然 (la nécessité) 中解放出来：医学能更好地治愈我们，农业生产力大幅提升，计算机使人类取得了巨大进步，等等。技术攻城略地，其辉煌成就不胜枚举。人类仿佛掌握了自己的命运，着手推翻必然性，以确证自由的至高无上。甚至我们与身体的关系也见证了这种权力意志：我们不再像以前那样感到有义务尊重自然规律，尊重不可改变的条件。"服老"不再是一项义务，整容手术和治疗技术的进步能使一个六十岁的男人看起来年轻十岁，并拥有四十岁时的性活力。

如果对技术进步的过分自信是不可靠的，那首先是因为它的基础模棱两可。技术能够对抗的不是克尔凯郭尔所说的必然性，而是约束性。约束是一种特殊的必需品，它与欲望相对立，因此十分重要。只要我们认为衰老是不好的，它就是一种约束。同样，疾病也是一种约束，因为它使我们无法正常生活。技术当然提供了消除这些约束的手段，但它不可能推翻生命的必然。

一般意义上，必然性指的是受宇宙因果律支配的一切：如果一块瓦片从大楼的三楼掉下来，砸在你的头骨上，你或许不能活下来，这就是落体的规律。当一辆汽车以每小时100公里的速度撞上护栏时，司机也同样可能死亡。技术并不对抗这些因果律，而是依赖它们。弗朗西斯·培根写道："只有服从自然，才能驾驭她。"他的意思是，我们只有遵从自然规律，才能在技术上改变自然的进程。

因此，技术进步在现实中所做的只是创造一些让人更能忍受的条件，将人从难以承受的必然中解放出来。变老的必然被医疗辅助的必然替代，行走的必然被小心过马路的必然替代，手写的必然被学习使用电脑的必然替代。这些新的需求最终往往会产生新的约束，而人类还会继续向往从新的约束中解脱出来：一个人想住在离工作地点很近的地方，这样就不用忍受交通拥堵；另一个人发现自己被痛苦地约束着，互联网是开放的，但他需要保护其中的机密数据；等等。我们可以看到，技术的进步并没有减少存在中的必然。

如果我们期待个人有能力战胜必然，或者使其稍稍退却，现代社会就要面临一个可怕的问题：它与它尚未克服的约束是什么关系？例如，某些疾病，或者残疾。从现代的角度来看，所有这些有限性的象征物，不过是用速效药就能解决的问题。一旦我们不知道如何治疗它们，也就不会再知道如何接受它们。所有那些无药可救的病人、断了臂膀的人、老人、受困于残缺身体的人，不再作为我们有限性的坚定见证者、人类生存状况的承担者，他们被宣判为边缘人，所向披靡的人类族群中的例外。他们现在体现出的唯一约束是医疗的有限性，而这种有限具有偶然性和暂时性，这使他们的命运更加荒唐和难以承受。

关键问题

1. 你为什么会喜欢看那些让你感动到哭泣的书或电影呢？你在其中找到了什么乐趣？不幸并不美好，但为什么你会赞叹"太美了"？当然，美好的不是不幸，而是悲情。换句话说，因为你感受到了人物真切的痛苦，这种痛苦关涉人的存在，具有悲剧性，因此你自然而然地感同身受了。

2. 你感受到笑声背后的悲剧性了吗？在现代社会中，人总是匆匆忙忙，被迫劳碌奔波，它剥夺了我们真正的反省时间，笑声不正是提醒我们，存在注定是有限的吗？

3. 你是否害怕时间流逝，害怕疾病，害怕所有那些提醒着有限性的东西？你难道没有这种感觉？社会让我们相信人对自己的生活拥有所有的权力，直到生活证明我们的错误。我们真的可以延缓衰老，战胜疾病吗？你觉得你对自己的生活有多少掌控力？

4. 观察那些不擅与残疾人打交道的人，他们会表现出把残疾人当作正常人一样，而且认为自己做得很对，但事实上他们的行为有时是令人惊讶的，甚至是可笑的。他们的意图是慷慨的，但这种意图应该基于以下信念：只有残疾人和正常人拥有同样的自主权时，才能认为他们与其他人是平等的。难道我们要做的不是正相反吗？并不是残疾人要在正常人身上认识自己，而是我们需要学会在他们身上看到人真正的样子：生命脆弱而易碎。

第三章

行动的方法

寻 回 崇 高 的 道 德 生 活

我们已经习惯去过一种完全抽象或纯粹匿名的生活，以至于自己无法再做出简单明了的判断：存在是悲情性的。我们不需要渊博的知识来认识这一点，也不需要敏感得像一个皮肤病患者，只消观察一下一个人的生活是如何突然变得支离破碎的，就够了。有多少意外在一天之内就摧毁了我们最稳固的事业和成功？当有人敢于这样提醒时，我们要表现出一种持续的幽默感，回答说，这也不算至暗时刻："来吧！别这么悲观！生活也有美好的一面。别给自己定性，要懂得权衡利弊！"这种精细的算法仿佛预见了将来，但综合来看，这难道不是一种更激进的悲观主义吗？以这种方式从生活中抽取"利好"是在降低满足标准：如果得不到极乐，有点幸福也不错，烦恼少一点，再来些美好时刻，或者"身体健康就够了"，等等。但这种迹象不正表明我们已然被悲观主义吞噬，心灰意冷，以至于除了安慰奖之外，不再期望生活的馈赠吗？

为了使生活更容易忍受，我们用幻想的方式来缓解对无限的渴求。奇幻小说大受欢迎，即便小说中的世界是虚构的，但至少在其中，我们可以强烈地感受到存在。我们对生活的期望值越来越低，对梦幻的期待却越来越大。这是一种真正的堕落，是难以接受的交易！如果没有造梦的商人，生活会怎样？电影让人沉迷，音乐就像毒品，人们早已习惯戴着耳机在街上行走……没有这些，就无所适从。造梦的商人已完美掌握如何将普通的爱情故事书写成伟大的历险，并赋予它光辉，那普通人还需要真正的爱情吗？这样的我们需要的不再是生活，而是表演。造梦者懂得赋予每一个琐碎事件以诗意，仿佛这是伟大的史诗或奇迹般的经历，最后用这种方法欺骗无聊的人：

> 英国人有时会有这样的形象：他是天才的化身，像一只身体沉重、待着不动的土拨鼠，他全部的语言财富由一个单音节词组成，一个感叹词。他知道如何借此表达至高的钦佩和最深沉的冷漠，因为钦佩和冷漠已经无差别地统一在烦恼之中。除了大英民族【……】我所知道的唯一类似的存在是那些热情而空洞的布道者，他们也借助感叹词完成生命的旅程，这些人到处都是，他们充满了热情，不管是大事小情都会喊着"唉"或"哦"。对他们来说，重要的和不重要的，都已喧嚣着消失在热情的虚空中。
>
> ——《或此或彼》

　　将生活变为表演，使其成为审美思考的永久对象，这难道不是用作壁上观取代真实的生活吗？作家切萨雷·帕韦塞 (Cesare Pavese) 说过"生活是艰辛的活计"，没有人会反对这一点。当你面对生活的重压，有人承诺拥有终极解药，反而像是卖假药的。如果有一种无懈可击的方法能使我们摆脱时间流逝带来的痛苦，如果有一种技术能让人完全做回自己，它一定会尽人皆知。

这当然有令人绝望之处，但这也是生命的终极意义所在。生命的激情见证了绝对，没有它，我们就与昆虫无异。昆虫有无知的快乐，完美的自洽，它们无须在永恒的天平上衡量生命。昆虫比我们幸运，它们诞生了，经历了时间，不用追求理想，并在完全满足的情况下死去。然而，人类的伟大正是来自极乐的理想。

我们必须为理想服务。虽然理想不可能实现，但我们至少要尽可能让自己配得上它。这就要求我们不再从幸福角度，而是从道德角度思考存在。"道德要求的不是抽象化的存在，而是必需的存在，这是存在的最高价值。"[1]行动的时候到了：以最符合道德的方式，不断成为自己。

1　出自《哲学片段》附言。

不要让我们的生活成为虚构

道德生活的首要特质是它的非虚构性，它是真实的存在，而不是一种可能的存在。人要勇敢面对生活的本来面目，而不是寻找替代品。人们常常赋予现实生活梦幻般的斑斓色彩，这无疑是一种自然倾向，但我们必须学会与之斗争。

虚构不是一种理想模式

诗人的工作不是接受现实本来的样子，而是通过虚构将它理想化。我们如此喜爱虚构，是因为它以较低的成本满足了人对极乐的向往。事实上，虚构并不能使人真正摆脱生存的痛苦，只是让我们暂时忘记：

诗人的存在常常是痛苦的，而我们热爱的正是在痛苦中娩出的作品。如果诗人只是企图摆脱痛苦，在诗意的创作和充满想象的预言中寻找更合理、更完美、更幸福的存在方式作为解药，他就不能理解痛苦，他的存在也不会因痛苦变得深刻。演员也是一样，尤其是喜剧演员，他想方设法要从痛苦中走出来，于是在喜剧中通过改变人格来缓解痛苦。

——《哲学片段》附言

但镇痛剂不是药品，它能平息疼痛，却不能治好病人的病。当我们进行审美活动时，我们迫使小说承担起存在的角色，存在于是具备了双重的美学意义。第一重意义是想要做真实自己的美学理想。审美的主体总有一种野心，想通过寻回真的自我来找到幸福，但做自己是要通过审美情感的剧烈波动去实现的。第二重意义对应的是"审美"一词的引申义（审美属于艺术化的感性领域，而不是一般的感性领域）。审美的存在是要通过虚构建立现实的理想模型，换句话说，是把美学（艺术理论）变成一种新的伦理学（关于美好生活的理论）！

要进一步解释审美活动中"存在"的双重美学意义，就不得不提到十九世纪上半叶的浪漫主义运动。在这场运动中，克尔凯郭尔既是局中人，也是旁观者。一方面，艺术家以理想的名义挑战了资产阶级生活价值观；另一方面，他们反过来被这种审美模式愚弄，从而不得不把真实的生活过成小说中的样子。普通人更是如此，对我们来说，"浪漫"是不容置疑的，特别在爱情方面。

有限的瞬间

通过把小说作为范式，我们实际上暗自将存在变成了幻想中的存在，也就是说，把存在变成了一种单纯的可能性。虽然审美调和了永恒的无限性和时间的有限性，但它本质上是短暂的。就像生活为我们提供了许多感动时刻——火热的吻、忧郁的夕阳、孩子的微笑等，但它们只是暂时的！它们对我们来说就像突然静止的时间，一个被绝对的仁慈之翼爱抚的极致瞬间。

艺术家创造这样的时刻并不困难，因为在他的作品中，他就是时间的主人：他可以随心所欲地加快或减慢时间，比如把一个人十年的生活浓缩为几页，或把激情之爱书写成一个人的全部生命。但现实中正相反，时间主宰着我们。那个夜晚，我爱的人就在身边，可爱人带来的快乐却是转瞬即逝的。无论我多想拼命地延长它，它最终都会消散。即便是罗密欧和朱丽叶那样的爱也不行，假设他们的生命得以延长，伟大的爱还会一直持续吗？所有发生在普通夫妻身上的事，他们都会面对。尽管他们可能会用各种技巧来延长爱情，但显而易见，爱无法在单调重复的日常生活中一直持续下去。

别再说什么活在当下！

你可能会说不要紧，重要的不是延长这一刻，而是充分感受它。即使爱很短暂，它也会带来极致幸福的瞬间，就像激情拥抱的一刻，我们甚至愿意为之牺牲宁静生活中所有平凡的幸福！只有这样，我们才能够对自己说"我真的爱过"，而爱的记忆将成为人生的珍宝。在追求绝对的过程中，我们似乎采信了贺拉斯的古老格言"活在当下（carpe diem）"。根据这句格言，重要的是抓住现在，享受转瞬即逝的今天——这个夹在昨天和明天之间的短暂时刻，并活出伟大的诗意。只有这样，当生命即将结束时，我们才能对自己说"我的人生是完整的"，因为我们拥有那些真正有价值的时刻。

于是有人会说："当然了，我们不需要婚姻。让我们在这天赐的时空里，疯狂地、热烈地相爱吧！不要让激情消失在夫妻琐碎的日常生活中。"但是，难道我们能够用生命的片段去衡量它的价值吗？如果这样做，存在就变成了瞬间，而激情也变成了短暂的。假如只有当下是理想的标准，人们还有什么理由因为时间而困惑？

活在当下的合理性基于存在的不可持续和强烈的驱动力，但这种驱动力很短暂，甚至比激发它的审美情感还要短暂。另外，这种只看重当下的观念和现实格格不入。在这种观念下，现实生活就像潦草的画作，充斥着未能实现的激情和被磨平的雄心壮志：

审美情感中的存在是幻想的存在，是一种搁浅在时间礁石上矛盾的存在；这种存在在某种程度上甚至会令人绝望。它不是真实的存在，而是表达了存在的可能性，它如此接近存在，以至于人们产生了这样的印象：每一个非决定性的时刻，都算不上真正的时刻。

——《哲学片段》附言

审美中的存在不构成现实生活，因为它并不能改变生活。换句话说，我们不会把那种使我们充满活力的爱转化成行动力。我们满足于简单的生活，然后在审美情感存在时去品味它一下。

瞬时性带来的绝望

克尔凯郭尔认为，审美的存在指向绝望。他认为，存在的不可持续会带来痛苦，直至让人无法承受。由于想要抓住当下，我们注定要比别人更多地感受到它可怕的消逝。当下只是一个瞬间，不涉及任何其他维度，我们无法全情投入，也因此没有时间来实现真正长远的计划。

我们的日常生活也是如此。电视上每天充斥着各种消息，社会新闻、自然灾害此起彼伏，有多少故事你只知道开头，而没有了解任何后续呢？信息爆炸满足了我们的好奇心，但它剥夺了"当下"的持续性权利，连带着政治生活也变成了表面文章，动动嘴皮子，宣传造势取代了长期愿景：

> 难道忧郁不是这个时代的罪？难道不是忧郁在麻木的笑声中与我们产生了共鸣？难道不是忧郁剥夺了我们指挥与服从的勇气、行动的力量，还有希望和信心？【……】除了所谓当下，一切都被排除在外，那么，人们生活在失去当下的恐惧中，并最终无法把握当下，又有什么奇怪呢？
>
> ——《或此或彼》

换句话说，审美生活是片段化的生活。它给我们讲了很多故事，它也不缺少故事！但这些故事之间没有足够的连续性，以至于无法为将来赋予意义。再来看现实生活，当今时代已经变得难以理解，人们不得不回溯历史去寻找意义。书店里到处都是历史书，它们将现在与过去联系起来，尝试为迷失的时代找回些意义。同样，个体的历史被分解成无数相互关联的画面，人们通过挖掘祖辈的过去或自己的童年，疯狂寻找存在的意义。

在重复中把握时间

我们都认为生活应该是连续的、协调的，因而不该把它视为不相关时刻的无限重复。那么，怎样才能让时间连贯起来呢？

即使一个人的生活达到了理想水平，即"重复"的状态，如果他不想倒退，他也需要持续地努力来保持这种状态，因为结局还未到来。这与柏拉图设想的爱是一样的，爱是一种需求，没得到的人想要得到，已经拥有的人渴望永恒的拥有。

——《哲学片段》附言

一名顶级运动员会很清楚克尔凯郭尔的言下之意。要达到理想的水平，就需要付出很多努力和牺牲，而要维持住这种水平，就要每天重复同样的努力和牺牲。他非常清楚，顶点是不存在的，因为胜利很容易，困难的是一次又一次胜利。因此，不存在努力之后就可以放松一说。要维持你所拥有的东西，就需要不间断地努力，这就是克尔凯郭尔所说的"重复"。

爱情故事也一样，人们通常将婚姻或孩子的出生视为爱情的顶峰，由于这种误判，小说中的爱情故事往往结束得十分匆忙：曾经相爱的人认为没有必要继续努力，像十年前那样去吸引自己的伴侣，为对方带来惊喜。他们对自己说："这样做有什么意义？重要的事情已经完成了！我们结婚了，我们找到了爱情。"但用过去式来谈论爱情，就意味着它已然成为过去。如果爱是一种冲动，一种走向幸福的张力，那么它永远不可能处于一种稳定和确定的状态。因为它一旦停止，就意味着死亡。时间的流逝会令爱人们越来越远离最初的激情时刻所体验到的幸福感，因此我们才需要每时每刻都努力寻回。只有这样，爱才能持久。

因此，成功地吸引到我们所爱的女人或男人，并不意味着能在这段爱情中安身立命。在这方面，我们无法依赖最初的心动（浪漫的爱），因为它只是一种短暂的冲动。那么，如何让爱持久？要知道，它涉及的不是一天、一个星期，或几个月，而是十年、二十年、三十年，也许是一辈子。当然，秘诀也有：细节胜过大场面。如果连生活中的细节我们都不注意，那么即使你能为爱人摘来月亮，又有什么用呢？

浪漫的爱情在当下看起来很美，夫妻之爱却不同。因为理想的配偶不是一次性的，而是需要每天都保持理想的状态。打比方，如果我想通过诗歌或其他艺术形式塑造一个南征北战的英雄，这并不难，但如果要呈现一个每天举着十字架的十字军战士，却很困难，因为他每天都在重复做同一件事。

——《或此或彼》

你会告诉我，这种需要耐心维持的日常生活不那么美好。正如讽刺作家帕特里克·杰克·欧鲁克所说："每个人都想拯救地球，但没有人愿意帮他们的母亲洗碗。"的确，在婚姻生活中，人们远离了光芒四射的巅峰时刻，远离了绝对，但也接近了真实的时间。瞬间的爱如此完美，但长远来看，它从未停止与时间的斗争。它并没有放弃对永恒的憧憬，因为它始终试图让自己超越时间！虽然持续的爱没有瞬间激情的极致浪漫，但如果这种激情不要求持续性，我们又该怎么看待它呢？它和短暂的迷恋、轻浮的爱、一时的冲动又有什么区别呢？兰波就讽刺过："你的爱情八月一日过期。"[1]夫妻之爱努力地完成着对浪漫爱情的承

---

[1]　阿尔蒂尔·兰波《小说》，出自《杜埃集》。

诺。这样看来，这种持续、具体、长期的爱，绝不是一种无用的能量消耗。

持续努力是主体道德生活的一种表现。

——《哲学片段》附言

这种对努力、重复概念的坚持，是道德生活的基本特征。审美生活告诉我们要做自己，但这产生了一种假象，一个错误的方向，它让个体认为自己最终能找到真正的自己，并得到满足，但这是不可能实现的。它仅仅是一种幻觉，因为这种终极满足需要永远持续的努力、无限的争取，爱情就是这样。因此，我们必须从根本上改变认识，与其坚持必须做回真正的自己，不如认定人是需要改变的，我们要下定决心，做出决定。

哲学—行动

1. 下次当你开始实施计划时，不要被热情冲昏头脑。要知道，当下的决心不会持久，所以最好先确保你的理由非常充分。比如，不要因为你现在非常想结婚或生孩子就直接做决定，你需要更强大的理由来维持这个长期承诺。因此，在你做决定之前，要想清楚理由，并问自己这些理由能否长久。

2. 虚幻的爱总是比真实的爱更吸引人，因为它仍然未被现实所触及。一个还在设想阶段的专业项目总是更有吸引力，一旦开始实施，困难就接踵而至。但这些困难并不能说明你走错了方向，或是需要改变方向。相反，它们是你真正取得进步的标志。

3. 给自己时间来实施计划。从一开始就设定最后期限和日常任务。伟大的事情不可能一蹴而就，日常工作必须配合整体计划，以保证它的持久性。否则，你会半途而废。

真正的自我选择

我们的身份不是被赋予的，它是一项有待完成的任务，让我们明白人要对自己负责。推脱责任就是否认我们拥有的自由。这里的自由不仅是简单的"决定做这件事还是那件"，而是自由选择的权利。没有自由选择权，就谈不上承担道德上的责任。

美学：一种非选择的理想状态

人无法逃避选择，接受自我从来都是一个挑战，而人也不可能轻易找到真实的自己，因此做出选择是必然的：我们会面对各种各样的人，并最终选择想要成为的自己。这种观点与美学意义上的"存在"相去甚远！后者要求我们必须找到自己，它预设了我们会做出一些决定，并把做决定等同于权衡利弊的能力。比如我们有时会问自己"这个人是否适合我""我该不该从事这个职业""我是去是留"；从美学角度来看，回答这些问题时，错误的选择无非意味着判断失误，即由于缺乏远见而走上了岔路。

审美个体追求的理想是尽可能减少选择，并尽可能提高权衡利弊的能力。在大多数情况下，我们所谓的"选择"根本算不上选择，因为它只是为问题找到最佳答案。一旦找到答案，解决方案就是决定本身，自然就不用选择了。事实上，做出正确决定的难度越小，就越算不上是真正的决定。

用权衡利弊代替选择是不切实际的。首先，有些决定是匆忙做出的，根本没有时间去细细考察。所有决策者都知道，没有零风险这回事。真正的好决定需要在正确的时间做出，也就是说要当机立断。决策者很少有机会等到集齐了所有必要信息再去寻找最佳方案。同时，过分充足的时间会让人无从决定，因为人总在思考，正如人类总是孜孜追求完美的自我，但这种完美炼金术并不存在。

做自己：自主的选择

如果我正疯狂地爱着，我怎么能确定这份爱是适合我的，甚至我是为这份爱而活？假设我有绘画或写作的天赋，有什么能保证这份天赋会成为我人生必不可少的部分？假设我设法找到了自己内心深处的愿望，我怎么能确定这就是我，以至于认为否定它们就是在否定自己？放弃成为伟大吉他手的愿望，是否真的是放弃自我？要知道，我们再怎么小心翼翼，也要面对不确定因素，因为人的身份本身就是不确定的。

"无法做自己"这个问题不在于缺少自我认识，而在于如果个体不做出选择，"自我"就不会存在。人永远无法成为真正的自己。无论我们多么努力，都不能达到理想中的我，个体与自我最强烈的欲望、最真挚的情感、最优秀的天赋始终保持着距离，所以"我是谁"这个问题取决于人的自我选择。

有人说：我有绘画的天赋，我认为那是附加值。但思想和远见是我本质性的才能，如果少了这两样，我就变成了另一个人。对此，我的回答是：所有这些区别都是一种幻觉，因为你只有从道德层面看待自己的才能，把它们看作一项任务，一种你必须负责的东西，它们才真正属于你。如果你只在审美层面上看待一切，你的生活将是非自发性的、偶然的（adventice）[1]。

——《或此或彼》

这意味着所有构成身份的东西（个体的才能、欲望、冲动等），只有被个体接受、承认，才真正构成我们的身份。例如在精神分析中，学习承认和承担自己的冲动，不把他们认定为无意识行为，并不意味着个体对该身份的认同。人们会努力隐藏自我冲动，学会承担，这并不像我们有时想的那样，意味着个体已经承认冲动这个标签了。因为只要我们不是主动自愿地接受和承担冲动这个身份，它就算不上个体的身份。没有人有权把非自愿选择的身份强加给我们。

例如，以善意的借口强迫一个人公开他的同性恋身

1　Adventice在哲学上指外来的、外感的，在拉鲁斯词典中意为偶然的、附加的。

份，是一种特殊暴力行为。没有人有权为他人决定是否应该把这种性倾向作为身份。没有人可以为他人决定什么是他的身份。

人有自由选择的权利

人有自由选择的权利，这一点很重要，因为它强调了这种不受决定论影响的不可思议的能力。犯罪者在出庭时往往会说"这不是我的错"，接下来辩护人会列出一份家庭和社会因素清单，来解释他是如何成为罪犯的，这将有助于减轻他的个人责任。当然，这些解释并非没有价值，我们知道，许多因素（社会、家庭、历史等）都会对个体的生活造成持续性影响，认识到它们的存在是常识。所有这些因素都或多或少地影响着我们的行为或思考方式，但这不意味着它们是决定性的，从影响因素到决定性因素是质的跨越。

"完全被动的行为"与"被煽动的行为"不是一回事。例如，一个人被刀逼着交出钱财，即使形势强烈地诱导他向某种结果倾斜，即顺从地交出钱包，他仍然可能拒绝服从：刀的威胁丝毫没有减少他选择层面上的自由。煽动性因素也只是煽动性的，改变不了一个人的自由。相反，完全被动的行为是指个体完全被剥夺了自由，不再具备人的自由意志。煽动是针对自由个体的，它把"我"作为一个自由的存在；决定论则指向被剥夺了自由的人，把人看作一个完全被动的东西来衡量。显而易见，两者大相径庭！

认定人拥有选择的自由不是一种乐观主义，而是对决定论的拒绝，后者将人看作历史、环境或文化的果实。如果说现代的政治生态有什么优点的话，那就是它拒绝宿命的观点。事实上，十七世纪以来的西方政治制度均诞生于自由意志，也就是我们所说的政治自由主义。在自由主义的理论框架内，个体被看作主权自由的存在，摆脱了他的历史和过去，自由地决定与他人共同建立社会。

这一概念具有不可否认的优点，即把个人从传统的沉重负担中解放出来。今天的孩子们有权在父母面前宣称他们可以自己做决定，与自己中意的人结婚，选择自己想要的工作，这主要归功于自由主义。自由主义习惯于把每个人看作独特的个体，他们自由地为自己存在，个体有权接受或拒绝他的家庭或群体传递给他的遗产。在这个层面上，他拥有一种无限的自由，我们无权将他定义为环境或历史的结果，导致他无力摆脱，进而只能否定自己。我们无权剥夺他自由选择的权利。

决定论是错误的：一个孩子可能从小就被教导要尊重

某些家庭价值观，但只有孩子接受的时候，这些价值观才真正属于他本人。父母的历史不是他的历史，除非他选择承担；只要他一直拒绝，灌输给他的价值观就不是他的价值观。因此，个体不是由教育塑造的，不是任由父母和先辈塑形的橡皮泥。

自由选择不是毫无限制

在克尔凯郭尔看来，自由主义理论和其他现代主权个体[1]理论一样，存在反常的逻辑和共同的缺陷：否认个体的有限性；具体来说就是忽视了选择自由对个体的实际意义：

如今，我们承认了个体与家人之间的自然联系，但还不承认精神上的不可分割。如果我们不想变得过于特立独行，格格不入，以至于不再将家庭视为一个真实存在的实体，我们就必须明白，当它的一分子受到伤害时，所有的人都会受到伤害——这是不受个体决定的。个体为什么非常担心家庭成员可能使他蒙羞？难道不是他自己觉得会因

1　参见第二章，《傲慢的推定：至高无上的个体》，第93页。

此受到伤害吗？显然，无论个人的意愿如何，他都被迫接
受这种痛苦。而且由于出发点是个人，不是家庭，这种被
迫的痛苦会达到极致：个体与家人的自然联系是无法由个
人决定的，个人却期待最大限度地掌控。

——《或此或彼》

　　我们来解释一下克尔凯郭尔的意思。孩子可以随心所
欲地拒绝或接受家人的馈赠，但不能创造馈赠。无论他喜
不喜欢，他都出生于这个家庭，他的文化也来自于家庭。
他可以与家族决裂、对抗，在这个具体的选择上他拥有无
限的自由，但选择本身并不具备无限的自由。他不是造物
主，没有创造自己的自由。无论他怎么选择，都会与这个
家庭、这种文化建立根本上的联系。

　　因此，认为一个人只要放弃自己的家庭或文化，就能
立刻获得自由，是不切实际的。与兄弟姐妹、父亲、儿子决
裂，或与过去决裂，不代表一个人摆脱了与他们的联系。
否认过去仍然是一种与之相连的方式，拒绝过去并不意味
着忘记，或意味着这段过去已经消失。我可以拒绝过去，
却不能宣判这段过去不再是我的过去。我不愿意承认，于
是干脆否定，但否定的前提是假设有什么东西可供否定！

相信可以斩断过去是非常致命的幻觉。当我自以为已经摆脱了这段过去时，它将让我更加残酷地感受它的存在。忘记过去并没有使它消失，相反，它对我们的作用会变得无法控制，因为它不再受意识的限定。如果我们相信自己已经摆脱了过去的束缚，我们将无权再书写自己的历史，而是受制于它。

同理，我可以拒绝见我的兄弟，但无法让这个人不再是我的兄弟。我可以与他决裂，但我不可能创造出另一个人代替他。当我否定这种联系时，我无可避免地将自己暴露在克尔凯郭尔描述的痛苦中：多年来，我与他没有丝毫联系，但我仍然为他感到羞愧，仅仅因为我们同根而生，这种耻辱就将不可避免地落在我身上。正因如此，克尔凯郭尔称家庭为不受个人决定的"实体"。自精神分析学问世以来，我们就知道家庭关系，特别是亲子关系会带来多少痛苦。但正如克尔凯郭尔再次指出的，这种痛苦会如此普遍（这种不得不承受的痛苦是极致的），首先是因为我们没能真正理解它。我们相信自己有无限的自由来决定忘记，但情绪上的痛苦却显示了被压抑情感的爆发[1]。

---

1 "retour du refoulé"是由弗洛伊德提出的心理学概念，指过去某种被排斥和压抑在意识外的情感内容剧烈地爆发。

给自己一个信念

自我选择并不意味着选择成为任何人，而是选择自我。我们实际上就是这么做的，只是自己没有意识到。我们看起来像是在寻找，但每个人不都是在选择自我吗？不这么做，还能怎样呢？没有其他选项。从某种意义上说，这个观点是对的。但事实上，你的选择不是无意识的，它代表了你的决心；只是在大多数情况下，你并没有明确意识到这种选择。这就是本质上的区别。

关键是认定这种选择是主动的选择。我们说有些人个性非常鲜明，那是因为他们的个性中包含着很强的自我意识。例如，评论家们常常以《忏悔录》为例，批评卢梭个性中戏剧性和强迫性的一面，而让·斯塔罗宾斯基在其中看到了一种真实的自我建构模式：

心理学可以通过严肃的案例找出谜底：自我意识会生成信念，信念与摇摆不定的情绪相对立，与日常生活的平庸难以相容。所有选择都有所偏向，但卢梭的选择符合他的深层需要：对自己出身和身份的忠诚。[1]

1　参见让·斯塔罗宾斯基《让-雅克·卢梭全集》。

斯塔罗宾斯基的评论堪称范本："自我意识会生成信念。"换句话说，人通过自由的选择来决定将成为谁，对自身行为的选择以理想的自我为参照。克尔凯郭尔提醒我们："每个决定的背后都存在着自我选择。"例如，当一个男人决定离开大城市的熔炉，与他的妻子和孩子搬到乡下时，这种选择不是简单、现实的决定。这个决定反映出他对理想生活的选择：不做那个精力旺盛、事业有成的高管，而是当一位陪伴家人过平凡日子的父亲。

问题是，我们常常忽视这种"自我选择"。如果不把它当作一种主动的决定，我们就无法鼓励人们去面对真实的自己。举例说明：任何喜欢吃甜食的人，都无法拒绝巧克力闪电泡芙的诱惑。我们知道这会影响身材，让我们不能保持苗条，但这种意识不够清晰明了，不足以让我们长时间抵御诱惑。然而，当我们有意识、有信念、下定决心保持身材时，情况就完全不同了。巧克力闪电泡芙的诱惑依然存在，但我们更有能力抵御它，因为我们依靠的是真正的决心。这里的决心被赋予了使命的价值，是我们为自己设定的一项任务。

自我选择也是如此。有些人个性鲜明，他们在日常行为中表现出令人钦佩的精神力量。这种突出的自我形象与自我中心主义或自恋没有关系。以自我为中心的人满足于现状，对当下的自己完全满意，没有计划成为某个人。相反，懂得自我选择的人不满足于当下的自己，而是追求理想的自我。他们忠于自身，忠于对理想的追求。

二十世纪六十年代，心理学家斯坦利·米尔格拉姆(Stanley Milgram)提出了一个著名实验，来显示个人对权威的服从。实验的结果是可怕的，因为它表明大多数人无法抵抗权威的命令，他们最终用越来越强的电击将无辜的受害者置于死地。少有的表现出反抗能力的人都拥有强大的内心力量。这种内心力量是什么？一个非常强大、坚定的自我形象，使他们拒绝成为他们绝不愿意成为的人——杀人犯。

哲学—行动

1. 不用做别的，只须接受现实：你必须选择成为什么样的自己。即使你认为已经绝对了解自己，这种选择仍具有偶然性。接受选择的自由，不要试图把自己与自以为的自己混为一谈。

2. 要意识到，选择具有排他性。选择其中一个，就拒绝了其他可能。告诉自己，被放弃的也是你身份的组成部分，你必须选择承担。如果你决定做母亲，你选择母性的同时，也放弃了其他与之不相容的东西，比如你可能喜欢的长久的安静、独处的欢喜。被排除在外的东西也是选择的一部分，只有它存在，选择才完整，放弃它你很可能会痛苦，并因失去的部分而后悔。

3. 不要再认为你能掌控一切了。你不能选择自己的过去，也不能选择家庭出身。也请你不要因为无法重回年少，或来不及重新选择职业而气恼。你完全可以在四十岁的时候过得像个年轻人一样，这是你的选择。但不管你怎么做，都逃避不了年龄问题。

4. 别再问自己到底是什么样的人了。拿出一张纸，写下你想成为的人。要想让自己变成特定性格的人，首先需要一个理想的自我做参照。否则，我们永远无法掌控自己，只能随着周围眼光的变化而改变。

服务于理想

自我选择这件事的界定相当模糊，究竟该如何去做呢？有这么多的可能性，这么多不同的方式可供选择！我们每个人都是由不同的才能、不同的品位、不同的背景等等不同的可能性组成的复杂整体。怎样才能在如此复杂的背景下做出选择呢？

事实上，正如克尔凯郭尔所说，这个问题其实根本算不上问题。因为我们必须做出的伦理选择实际上很简单，它只有两个"非此即彼"的选项——善或恶。

唯一非此即彼的选择就是善与恶之间的选择，这是一种伦理选择【……】从某种意义上说，伦理选择要容易得多，简单得多，但从另一种意义上说，它是无限困难的。渴望在伦理层面明确人生目标的人，通常选择不多，但是每次选择都对他有更重要的意义。

——《或此或彼》

伦理选择不需要我们沉浸在无尽的内省中来确认天赋和兴趣，所有这些比起存在本身都是次要的。因此，无论你是艺术家还是公务员，是善于活跃气氛的人还是害羞的人，无论你是否认同传统，这都不重要。从现实的角度来看，这些当然重要，但这些具体、特殊的选择，只有与那些根本性的选择相关联时才有价值。选择我们想成为的人，首先是选择做个人。换句话说，存在最重要的不是独特，而是简单。

伦理目的：忠于自我

每个人都以人的身份做出选择，这一点承载了所有人对极乐共同的渴望。指引着人们的"理想之我"需要像梦想一样丰满，在那里，永恒和时间、自由和规则不再处于矛盾中，而是最终被调和。这种选择就是伦理的选择，即对善的选择，比如承诺。即使对最顽固的罪犯来说，遵守承诺也是荣誉的一部分。但什么是真正的承诺呢？一方面，承诺赋予流逝的时间以永恒，遵守承诺意味着努力在时间带来的改变中保持不变。有些人以时过境迁为由拒绝遵守承诺，那他就大错特错了，因为可以轻易推翻的都不算承诺。另一方面，承诺表面上看是一种自由选择，但它为选择赋予了必要的约束。当你做出承诺时，你有自由说话的权利，但同时，一旦话说出口，你就必须受到约束，不再有反悔的可能。遵守承诺是你自由选择的结果，但在你的眼中，它应该是一项真正的义务。

出于伦理的选择大多类似。如果我们希望世界变得更好，就不该逃避，也不该一味否定，而应坚定地面对，在生活的必须和有限的时间中坚守对自由与永恒的渴望。具体来说，就是通过持续的努力让时间变为永恒的同盟，比如不欺骗、不背叛、不拿不属于自己的东西，这些行为都有助于让关系长久。另外，伦理的选择没有抛弃日常，它将日常生活作为追求自由的具体场所。如果说我们无比钦佩皮埃尔神父和特蕾莎修女，那是因为他们没有脱离生活，他们的自由就体现在日常中，日复一日的付出是最具分量的。从存在角度看，伦理的选择值得肯定。

如你所见，伦理选择来自对极乐的不变追求，它让我们树立了理想自我的形象。只有它存在，我才完整，这里的我不仅是活着的人，还是拥有理想的人。要忠于自我，就自然不能容忍任何有损声誉的事，因为卑鄙的行为会让我们脱离自己，脱离神圣和高尚。一句话：放弃高尚就是背叛理想。

邪恶的念头：亵渎理想

理想解释和激发着道德，如果没有对理想的忠诚，道德就什么都不是。但如果善念存在，作恶的念头也必然存在，这就是为什么会有不道德的决定。为什么眼睁睁看着挚爱的离开的男人会突然变成一个残忍的刽子手？因为在分手的那一刻，他残酷地感到永恒的理想被现实打破，于是对自己说："怎么会这样，这是个骗局，必须消失！"于是他倾向于摧毁一切，甚至是那些值得保留的东西。他把曾经美好的爱情变成了一片废墟，把自己真心爱过的人变成必须无情摧毁的敌人。

这种毁灭性想法如果不是为了应对来自永恒的挑战，它对于沉溺其中的人就没有任何意义。局中人曾以为理想是存在的，但现在一切都变得如此令人失望，于是他产生了毁灭的想法。这种想法显然以亵渎理想为目的，这就是克尔凯郭尔称之为"邪恶的念头"的原因。邪恶就像宗教传统中的路西法一样，它是自甘堕落的，是为恶而恶的：

当他确认这种邪恶的念头已经深入骨髓，无法拔除，就干脆与之合为一体。魔鬼般的想法伴随着他，促使他将一切变得可憎：他想做真正的自己，不是抛弃这种坏的念头，而是与之相伴而行（他做不到排除这种念头，于是干脆顺从），他要做的就是不管不顾，甚至蔑视生命也要拥抱恶念，就好像从痛苦不安中得到了肆无忌惮的理由。

——《论绝望》

　　善与恶的共存是种悖论。邪恶的念头是否定存在的证据，它诞生于绝望的深处，它的存在是对生命的嘲弄和疯狂的挑战，是对理想的玷污、羞辱和亵渎。一些没有顾忌、没有底线的搞笑也体现了这种意图。现在有一些搞笑方式嘲弄一切，毫无严肃性，但喜剧的真正意义并不是摆脱存在的深度。在学习喜剧时，有的孩子有时会用恶意的方式嘲弄同伴，还用取悦观众这个理由为自己开脱："我只是在开玩笑！"在许多电视节目中，佯装取乐同样为羞辱、玷污和亵渎别人提供了机会。令人难以置信的是，只要能搞笑，就可以无所不用其极。

美学视域下的道德：没有无缘无故的恶

　　在哲学传统中，有一种理论可以追溯到苏格拉底，即"没有人是故意作恶的"。善与恶如影随形。比如我们刚才提到的例子，失去爱人的人会表现得非常糟糕，因为他被愤怒冲昏了头脑。过激的情绪刺激他做出了不好的行为，也让他无法察觉到自己做了坏事。愤怒使他盲目，等他平静下来，恢复到正常状态，就能立刻明白自己做错了，并表示歉意。简而言之，不存在真正的恶魔般的意图。

这种道德观与存在的美学观相联系。一个致力于追求个人幸福的人，不会无缘无故地作恶。这并不是说他不可能做错事，而是说他这么做是出于利益考量。例如，一个孩子作弊不是因为他想做错事，而是为了取得好成绩。同样，一个急于升职的野心家可能对同事极其残忍，但这种残忍也是为了保障自身的利益。依据存在的美学概念，我们需要告诉这个人，他的行为是错的，因为他的想法错了，坏的行为无法带给他真正的幸福。例如，我们可以对他说："如果每个人都像你这样做，结果会怎样？你愿意别人这样对你吗？"我们要让他明白，遵守一定的道德准则才能获得幸福，才能从中受益。或者，我们可以试着对他说："你不会幸福，虽然你可以逃避人的审判，但永远无法逃脱良心的审判！"存在的美学观将道德无时无刻地与追求幸福相联系。这种观点导致行为的边界模糊，它既不是真正的道德，也不是不道德。只要是为了自身利益，我们就可以做坏事。而根据审美的观点，作恶是纯粹的疯狂，是精神错乱的行为。电影中最邪恶的反派就是如此，我们喜欢他们，是因为那种邪恶中带着疯狂的感觉。他们是精神病或狂热分子，总之，疯狂至极。如此一来，纯粹为了作恶而作恶的行为，在美学视域下就变得难以理解。

从美学的"无关道德 (amoralisme)"到伦理的"非道德 (immoralisme)"

美学视域下，我们与善的关系也是类似的：我们行善只是因为它似乎对我们有利，或者至少与我们的个人发展相匹配。这样德行就不是以道德为结果，而只是一种手段。然而，如果不在乎结果，手段就没有意义。如果不在乎结果，我们就会认为一些稍稍背离道德的事情是可以原谅的。杀人似乎很可怕，因为这个人的死对他身边的人来说是一场悲剧，而且如果杀人被允许，个人幸福甚至生命都有可能受到严重损害。但作弊、偷盗、说谎这些事可能被看作小偏差，不算严重，因为没有人被杀！这种观点证明我们暗暗接受了一种价值尺度，依照这个尺度，行为的道德性质是由它们可能产生的有利或不利后果来衡量的。

当今，不断有人批评股市投机者的贪婪行为，报纸专栏每天充斥着关于政治阶层舞弊和贪腐的报道，仿佛这些人莫名其妙地失去了道德感！但实际上，他们并不比我们更不道德。或者说，他们和我们一样缺乏德行。因为我们不是不道德（immoral），只是远离了道德（amoral）。问题就在这儿，我们不是做了坏事（不道德的标志），而是失去了对善的自然追求，失去了为行善而行善的欲望（远离道德的标志）。美学构建了我们的精神视野，但从美学角度看，德行唯一的合法理由是追求个人幸福。正是出于这项无可指摘的权利，他才处处表现出德行。事实上，将结果的利弊当作衡量道德的标尺是非常冒险的：一个不断利用任期获得利益的政治家可能会认为，"只要其他人都在做同样的事情"，他的行为就不那么严重。一个对妻子不忠的男人也可以这么想：只要他的妻子没发现，他所做的事就不算什么……说到严重性，它的界限是相当模糊的，讨论的余地也很大。总之，美学的存在观很难产生教益：

他们的思想太贫瘠了，以至于认识不到自己的罪，如果蚯蚓有同样的想法，我们都会认为这是不对的，但当它涉及一个人，情况就不同了【……】他们的欲望是可控的、麻木的，他们的激情昏昏欲睡，他们带着唯利是图的灵魂完成自己的任务，但有时候【……】还愿意做点牺牲：他们知道上帝有一个井井有条的账本，但稍微欺骗他一下也不会有太大的风险。真是可耻！这就是为什么我的心总是转向《旧约》和莎士比亚。在那里，人们至少感到是人在说话：那里有恨，有爱，人会杀死自己的敌人，诅咒自己的后代直到生生世世，在那里，人们犯罪。

——《或此或彼》

总的来说，人们可能会像克尔凯郭尔一样，更倾向于明确区分道德与不道德，而不是简单地远离道德，因为前者至少具有伦理属性。我们的哲学家写道："一个邪恶的决定，是不道德的，它是道德上的错误。"[1]带着恶魔般的意图去做坏事的人，并不追求幸福；他损害了幸福，而且是有意识地破坏幸福。他知道什么是为恶而恶，也就几乎知道什么是为善而善。在这个层面上，他是伦理的存在，比那些审美意义上诚实却犯下同样错误的人高尚得多。"我是一头野兽，一个黑人。"兰波说，"但我可以被拯救。"[2]言下之意是，他是一个被诅咒的诗人，那些思想正确的"老实人"谴责着他的生活，但他们根本没意识到自己也是身

1　出自《生命之路》。

2　出自兰波《地狱一季》。

在地狱的人，没有认识，又怎么能被拯救呢？

哲学—行动

1. 做个小实验：想象你已经老了，对着镜子，回顾这一生。你问自己："我对自己做过的事满意吗？"常常重复这个实验，提醒自己什么是真正需要的。在生命的最后，最重要的不是那些快乐的时光，因为美好的时光会随着死亡消逝，沉睡在坟墓中，重要的是你做过的正确的事。想一想：是什么让你确信存在并非毫无意义呢？

2. 每次当你出于某种原因要做出可能有损道德的小事时，问问自己："如果在一件小事上我都不能保持诚实，那我有什么理由相信在更重要的事情上我能守住原则呢？"

3. 不要用外在的结果衡量自己的行为。没人看到你做了什么，并不意味着你就没错……不是说你没伤害到别人，你做的事就没有危害性……事实上，你的自甘堕落已经伤害了自己，损害了你赖以生存的理想形象。

遵循道德规范

我们应该放弃美学上的存在观，转而确立一种道德层面的存在观：我们在生活中追求的不是个人的幸福，而是让自己值得拥有幸福。要做到这一点，光有雄心壮志是不够的。那么，如何才能为理想服务呢？理想的幸福只是一个模糊的方向，它没有告诉我们在这种或那种情况下具体该如何行动。如果我们不能确切地知道善的所在，怎么能为善服务，全心全意地献身于它呢？

道德不是单纯的社会义务

正是为了回答这个问题，才需要道德的存在。什么是道德？它赋予善恶概念以具体内容，它是规定和禁止的总和。道德规定不能撒谎，因为那是错的；它规定要尊重和孝顺父母，因为这是对的……道德价值观以一种具体方式定义了我们该如何服务于理想。

然而如今，道德似乎处境艰难。评论家们不厌其烦地谈论着道德准绳的消失，以及价值观沦丧导致的迷茫。我们动不动就问自己："什么是好，什么是坏？"仿佛传统价值观突然变得不可信了。事实上，道德本就具有相对性。

帕斯卡曾冷静地写道:"比利牛斯山下的真理,到了山外却变成了谬误。"经验告诉我们, 一种文化中不道德的行为,在另一种文化中完全可能是被允许的:

有人说,所有文明国家都规定子女有义务照顾他们的长辈,野蛮人的习俗却是杀死年迈的父母。然而我们并不能从中得出什么结论,因为可能他们就是习惯这样做,而且我们还不清楚他们这样做的同时是否意识到这是作恶。

——《或此或彼》

"我们还不清楚他们这样做的同时是否意识到这是作恶。"克尔凯郭尔的这句话想表达什么? 实际上他尝试指出,是什么从根本上定义了道德。假设你和我拥有完全不同的价值观: 你信仰平等,我信仰自由; 你信仰尊严,我信仰生命; 你信仰善意和原谅,我信仰正义和惩罚。很明显,我们价值观不同,这种对立不可避免地导致我们产生各种冲突。你可能是左派,我是右派; 你可能赞成安乐死,而我反对; 你可能认为教化重于刑罚,而我认为刑罚应该更严厉; 等等。让我们试着把这些分歧先放在一边,问问自己: 我们在哪些方面能够达成共识? 你和我都想做好事,这种善的观念不受其他事物影响，是它让道德成为真正的道德。

如果你接受这一点，你也会接受以下观点：若你相信平等是好的，你也不希望只有你一个人认为好。你愿意为平等而战，肯定不是因为你认为它具有相对价值，只对你自己有好处。否则它就被局限为一种个人偏好，而不是一种道德价值。例如我们希望人权在全世界范围内得到尊重，显然是因为它在道德上可取。承认它在道德上是可取的，就是承认它的可取性是普遍的、客观的，对任何文化、任何个体都一样。

因此，分歧并没有破坏道德的存在，而是表明你我都坚信某些行为的内在是模糊的，可能是道德的或不道德的。在这个阶段，我们的分歧有重要作用，因为它能促进道德的完善。价值观的冲突促使我们寻找更完善的道德准则。道德的相对性在二十世纪之前就被发现了，蒙田已经充分意识到了这一点。但道德的相对性不是否定道德。《蒙田随笔集》中，对西方价值观的质疑是以真诚的道德关怀的名义进行的。吃人的"野蛮人"在道德价值的光辉中显示出自身的残酷，这种残酷使我们能够从旧惯例中解放出来，采用更合适的方式。这是有益的，因为道德从中有所收获！

我认为吃活人比吃死人更野蛮。撕开一个还有感觉的、不安的、备受折磨的身体，烤他，让猪和狗啃食他（就像我们读到、甚至亲眼看到的那样，这种事不是发生在古老的敌人之间，而是在邻里和同胞之间，更糟糕的是，这些行为是以怜悯、宗教的名义发生的），比烤着吃死人野蛮得多。

——《蒙田随笔集》，I

我们从"道德是相对的"这一观点中得出的结论是：道德只是一种惯例。一方面，我们需要承认道德价值观并不完美，因此我们必须能够以道德的名义将自己从中解脱。另一方面，我们要认识到不存在绝对的善或恶，两者都只是惯例，具有随意性。如果道德仅是一种惯例，它在建立它的社会之外就没有任何价值。以上观点支撑了"相对主义"概念，它将道德视为一种单纯的规范，只适用于特定的范围，只有在特定条件下才具备价值。玩国际象棋时，你需要遵守移动棋子的规则，但这种规则只对国际象棋有效。如果你玩跳棋，需要遵守的就是其他规则。道德问题也是同理：如果你生活在法国，你就必须遵循法国的价值观，但你无权声称这种道德价值也适用于澳大利亚原住民。这就是说，法国的道德价值观在我们眼中已不再是真正的"道德"，它不过是一种社会惯例，并不具备普适性。

道德与个体的关系

作为一名中学哲学教师，我需要在课堂上进行概念解释，道德就是其中之一。但只要我讲到这儿，学生们就会表现得极其厌烦。这不仅因为他们只把道德当作简单的社会惯例，还因为对个体来说道德本身并不具备吸引力。道德曾代表着个体最根本、最理想的追求，但现在的学生很少有这种想法。他们的责任概念中没有"承担"二字，没有"忠于更好的自我"。对他们来说，履行职责指的是非常具体和令人不快的事情，比如"完成作业"。换言之，对他们来说，道德就像一项从外部强加的社会义务，他们通过上交作业来表示对这项义务的尊重，但事实上他们只把这项义务当作社会对个人自由的限制。

不要笑，其他人其实也一样。我们顺从地接受某些道德规则，是因为我们意识到，如果不尊重这些规则，生活将变得难以忍受。我们也无法忽视，这种尊重是个体为群体生活做出的牺牲。付出是为了回报：每个人都不做错事，服从于共同生活的规则，这样就保证了社会的和谐和健康，个体的牺牲就获得了回报和奖励。但这样一来，道德作为一种外在的义务，就不再与人的内在生活有任何直接联系，也不再是人之为人的必要条件；相反，它象征着我们必须顺从地放弃一部分自我，以便与他人和谐相处。

还有观点认为，不仅是人对责任概念的认识发生了变化，就道德本身而言，它也具有一个相当尴尬的特点，凸显着它的外在性。根据定义，法律是忽略个性的。法律消除了每个人的差异性和独特性，忽略所有使人成为独特个体的元素，让个体都融入一个行列。比如说，作为公民，每个人都必须和其他公民一样，有缴税的义务。当道德告诉你每个孩子都必须尊重父母时，它也并没有把你作为单一个体来对待。它强加了一个一般标准，完全否定了不尊重父母的任何个人理由。如果父母没有做任何值得被爱的事情呢？如果他们的行为让人感到厌恶呢？难道这些特殊情况不能作为反抗道德的理由吗？同样的，道德规定我们不能撒谎，但如果真相过于残酷呢？难道说出来不会不人道吗？当然，一般情况下最好不要撒谎。但个体的存在不是一般的存在，每个人都是独特的，每个人的情况都不同。如果真相会造成伤害，我们还一定要把它说出来吗？如果这个真相已经没必要知道，只会给别人带来负担，你还要用它破坏将死之人的最后时刻吗？

道德的普适性

以上这种反对意见看起来出发点是好的，但我们可以从两方面进行反驳。首先，道德的伟大之处，就在于它的普适性。政治概念的受众是公民，科学概念的受众是思想家，经济学概念的受众是消费者、生产者等，只有道德概念的受众是我们自己——简简单单的人，这也是我们每个人都能自称为"我"的原因。我们不希望政治家因为自己的身份就自认为不受道德约束，也不允许一个股市投机者摆脱道德规范，仅仅因为"生意就是生意"；同样，我们不会允许一个科学家以科学的名义任意地做实验，因为道德概念针对的是作为"人"的个体，它不容忍任何形式的治外法权，也没有将任何人从管辖范围中排除，任何个体都无权以个人名义提出要求。

我们经常犯这样的错误，认为生活是由不同的、互补的方面组成的，如政治、科学或宗教等，而道德只是其中一种。我们其实弄错了类别，或者像克尔凯郭尔说的，我们"太马虎"了。道德不是存在的一个分支，和责任覆盖同样的领域；相反，道德是存在本身，在存在维度上它被视为一种任务、一种责任。因此，从政或经商不能免除我们的道德义务，因为政治家或商人和其他人一样，都是人。

从这个角度来看，道德是非常平等的，不给予任何人超越其规范的特权。道德具有普适性，无论是朴实的工人还是"高贵的灵魂"都要遵从。有人说人人平等，然而没有什么比这句话更假了，至少每个人获得的权利是不平等的。要想拥有同样的权利，我们就必须出生在同一起跑线，拥有同样的能力、同样的收入，等等。与之相反的是，在道德面前，人和人是严格平等的，肩负着同样的义务，任何人都无法使用特权让自己得到豁免。因此，道德为所有人提供了同样的机会——自主选择成为高尚的人或平庸的人。在它眼中，智力和财富的差异无关紧要，不能用来衡量一个人的价值。

在某些情况下，不遵守道德是可以被原谅的。因为父母不合格而无法尊重他们，从心理上是合理的。同样的，为了让某人不受真相伤害而说谎，也是可以理解的。但这种情况只表明你有说谎的理由，而说谎本身永远不会变成善行。它为你提供了一个借口，这个借口不能证明你是有道德的。此外，也许有一天，你想通过谎言来保护的那个人会指责你对他说谎。

在某些情况下，似乎不可能按照道德标准行事，这表明道德对我们来说仍然是一种理想。这些具体情况导致我们拥有一点仁慈，从而对那些行为恶劣的人表现出一丝善意，就像我们面对自身的缺点时一样。但这显然不意味着道德会容忍例外！

让个性服务于共性

道德不被指责的第二个原因是，它的普适性并不要求我们忘记个体的独特性。恰恰相反！做出道德选择是忠于自我的一种特殊方式。一个父亲和一个不要孩子的单身男人的道德选择是不同的。不同的父亲之间差别也很大，每个人都用自己的方式珍惜和保护孩子，为他们的理想服务。幸运的是，道德并没有告诉你应该和谁结婚，或者应该如何养育孩子，也没有告诉你是否需要踏上银行家或教师的职业生涯。它并不打算单一地支配你的存在。一切取决于你，也只有你才能根据个性决定过一种什么样的道德生活：

我很自然地觉得选择道德的人和冷漠的人大相径庭，也认为我们不该强行要求用道德评判一些无意义的事，这才是对道德的尊重。只有没勇气相信道德的人，那些缺乏内心安全感的人才会这么做，而且总是不成功。

——《或此或彼》

因此，如果你自主做出了道德的选择，你也将结合自己的具体情况来践行自己的选择。没人会强迫你做医生而不是律师。一般来说，我们选择职业时会考虑很多因素，比如兴趣、能力，有时候还要考虑是否有足够的经济条件支持继续深造。但无论结果如何，都不怎么重要。假如你梦想成为神经科医生，最终却做了牙医，那又怎么样呢？选错职业并不意味着人生的失败。没能娶到梦中情人也不代表浪费了生命，否则还有谁敢说自己的人生是成功的呢？花费大量时间观察自己，列出我们所有的品位、能力和特质，试图找到最成功的组合——那种我们认为最好的生活选择，是一种徒劳又可笑的尝试。徒劳是因为你总是会忘记一个重要参数，而这个参数可能从根本上改变你的选择。更不用说你在二十岁时认为合适的选择，三十岁时还会认为它非常明智吗？为了做出忠于自己的选择，你甚至还要花时间去责备自己。可笑是因为这样做得不偿失！如果你梦想成为神经科医生，最后却做了牙医，你又真的希望能实现梦想，那就继续深造，去完成梦想，道德不会禁止你这么做。你也可以继续做牙医，实话说，这都没问题。当然，做你喜欢的职业肯定会更快乐，但首先你要认识到，不是所有愿望都能实现。而且，这不是问题的关键。

重要的是，不论你选择什么工作，都要努力把它做好。只要有心让职业变为成就道德的手段，其余的就不重要了。如果一个普通的清洁工把工作做得一丝不苟，那他和有机会成为工厂老板的人同样值得尊重。平凡并不能阻碍我们成为好人。同样，如果你的丈夫不像电影演员那样帅气，又有什么关系呢？爱的价值，并不是基于随机的参数，让爱变得伟大和令人钦佩的并不是你的爱人某一方面的品质，而是两个人如何很好地践行这种爱：

在语法系统中，有很多词和"unique"有同样的意思，可以作为动词变位或意群中的例词，但事实上例词只有一个。这个词被选中具有偶然性，因为其他的常规动词也完全可以作为范例。人也是一样，所有的人，只要他愿意，都可以成为典范，要做典范不是摆脱日常的我，而是做自己并不断完善自己，而且这种完善是自主选择的结果。

——《或此或彼》

个体不同于个人

总之，道德不会否认个性差异，只会要求你利用这些差异来完成普通的使命。因此，它所禁止的，只是将追求你独特的个体利益置于对你这个个人的关切之前。个体差异是一个事实，但它本身并不是一种价值，不需要通过不懈努力来培养。作为一个独特的人，"与他人不同"并没有什么非常伟大的地方，因为遗传学保证了生而为人本就是独一无二的。而且众所周知，出身的不同极大地影响了社会的平等。有些人拥有唾手可得的优势，比如比别人更多的智慧、更直的鼻子或更漂亮的山羊胡子。

把个体的权利放在养成人格应尽的义务之前，是一种避重就轻的方式，因为它用成为一个和其他人一样的人的欲望，取代了成为一个和其他人不同的人的欲望。"想要做自己"的雄心壮志，应该是指用自己的方式成为人性的典范，比如父亲努力成为子女的榜样、模范、值得学习的人。而如今正相反，"做自己"已经成为我们在自己的差异性中自我确证的方式，目的是要成为别人永远无法成为的那一个。因此，父亲只能用成功的光环压抑孩子，从而证明自己。

赋予个体的特权导致我们将差异性和独特性作为持续的关注点。"选择自己"似乎意味着必须特立独行，选择只属于"我"的特殊标志；仿佛只有与众不同，才能成为自己。对泯然众人的恐惧导致我们骄傲地鼓吹边缘性的万能，比如奇特的穿衣方式、发型风格、令人震惊的观点等等。

人们常说，人可以在不产生优越感的同时感受到自己的与众不同。好的，那为什么我们还会如此热衷于强调差异，难道不是因为它提供了一种与常人保持距离的绝佳方式吗？我们自以为促进了人与人之间的平等，但实际上，我们难道不是在推崇贵族般的荣耀吗？我们甚至无法想象，除了独特性，还有什么方法能让人自我确证。

奇特的是，不管什么人，哪怕是头脑简单的人，也会非常肯定地认为发现了自身与他人美学上的差异，不管这种差异多么无关紧要。更荒谬的是，我们还要终其一生苦苦追寻到底哪种差异更为重要。

——《或此或彼》

从道德角度来说，这种思想是灾难性的。克尔凯郭尔以歌德在《诗与真》中讲述的故事为例来说明这一点。诗人回忆起年少时的爱情，于是讲述了一个没什么新意的故事：他爱上了一位美丽的少女，最终又以体面的方式离开了她。这样的故事数不胜数，无非是两个人相遇，相爱一段时间后又分开，不过至少诗人还加了一段"体面地分开"。这里吸引克尔凯郭尔的并不是故事本身，而是作者讲故事的方式。因为从道德层面看，勾引一位少女，让她相信一些事（可能是世上最值得信仰的事），却又抽身离开，即使受害者没有遍体鳞伤，事情本身也是不光彩的。即使最终没造成什么悲剧性后果，这种行为也逃不过道德的裁决。诗人至少应该认识到他的行为有些无赖。但这种道德评判是缺失的，因为诗人把他的爱情历险变成了诗意的创作：

　　借助距离为现实生活披上诗意的外壳（我们的挡箭牌）扭曲了其中的道德内容。当你的口袋里有这样一根避雷针时，你在暴风雨中感到平静又有什么奇怪的呢？有多少傻瓜和拙劣的人对好色的本性表示敬意，鞠躬行礼，卑躬屈膝，我们见到的还少吗？每个人都或多或少、出于自发地这样做：用食色的自然本性也来挑战道德。人们经常在罪犯身上发现这种诗意的天赋，也就是用诗意的光环虚化现实。

——《生命之路》

　　因此，歌德并不会感到内疚，因为他认为自己惊人的才华是个人价值的保证。无论做什么，他都与常人不同，因为他是歌德。即使在最坏的情况下，作为一个伟大的人，他的道德失误也可以被视作小缺点，可以被原谅，因为伟人看问题的方式比庸人高明得多。这些琐事与他的作品比起来算什么呢？对他自然而然的尊重蒙蔽了我们的视野，让我们对任何的高低之分都特别敏感，甚至还自认为比别人高明。

这种对独特性的主张，这种必须特立独行以确证自我的现象，是个人主义的胜利。我们错了！这样的存在事实上不是一种独特的存在，因为它们促使个体不断地将自己与他人进行比较，让我们把所有的骄傲寄托在社会认定的差异上。人们可能会通过购买一辆让邻居羡慕的汽车来宣扬自己的独特性，或者希望成为一个比别人更有名的演员。这种想法里有什么个性呢？这里没有伟大的独特性，只有最无趣和最可悲的模仿。独特被当作目的，独特性变得只有在与他人比较时才有价值。因此，试图变得与众不同的我们最终泯然众人，并不值得惊讶。

保护独特性的唯一方法是，不要试图让它成为我们个性的保证。换句话说，"做自己"的目标不应该通过独特性来实现，因为每个人的最终结果都是平凡。我们更应该通过成为自己来变成具有独特性的某个人，也就是说，成为一个"人"，成为人性的范式。只有这样，我们才无须与任何人比较，我们的差异才会因其本身而得到重视。

哲学—行动

1. 永远不要试图在道德上为自己开脱，说你有特殊情况。例如，你知道"偷窃"是可耻的，但你认为从互联网上非法下载文件不算偷窃。这难道不是一回事吗？你可以找借口在某些情况下不按道德行事，但借口并不意味着你是对的。它只是你自我开脱的理由，仅此而已。

2. 如果你要批评一种道德准则，需要确保以道德的名义进行批评。例如，道德要求年轻人不要发生婚前性行为，你可以批评这条准则，但只能这样说：贞洁不是婚姻纯洁性的必然要素。如果你的观点是这条准则，妨碍了年轻人的性自由，这样的论点是危险的，因为它以美学上存在的概念否定了道德的原则，转而认为"自己快乐最重要"。

3. 在不被道德约束的领域，你可以自由地追随自己的独特品位、心血来潮、渴望和欲望。但是，如果你做不到，也不要为这个生病！不要把具体问题变成存在层面的问题。假如有一天你足够幸运地中了彩票，能够实现许多愿望，个人生活也将得到极大改善，但你作为一个人的存在不会有丝毫改变：毫无疑问，生活会更舒适，但这不影响它的悲剧性本质，因为你无法把自己从时间和必然中解放出来。

4. 你应该习惯于将工作视为一种使命。如果你不喜欢它，别犹豫，你可以换一份。但只要你还承担这项工作，就应该把它当作践行道德的机会；换句话说，用你独特的才能为公共利益服务。职业本身不是最重要的。哪怕你做的只是一份养家糊口的、重复性的、令人疲惫的工作，但其中存在的使命感、严肃性都会让工作充满意义和激情。一个人每天早出晚归，辛勤劳动来养活自己的家人，从道德美的层面，他的工作不比任何别的工作差。

第四章

认识存在的意义

确　认　神　性　的　真　实　存　在

　　追求极致幸福是一项艰巨的任务，但它远比简单舒适的生活更令人兴奋。我们并不是受宗教的影响才确定生活中极乐的存在。自我作为个体，从心理上就拥有永恒的感觉、无限自由的意识，和对真福的渴望。自认平庸而否认极乐的存在，将不可避免地阻碍我们对自我的认识。对个体来说，认识到人的自利是很容易的，但固化的观点将使人们无法理解那些最美丽和最无私的心灵。

　　理想比个人幸福更高尚，如果不是为理想所动，一个人怎么可能为公共利益牺牲自己的生命？他怎么可能不顾个人利益，冒着失去朋友和名誉的风险去捍卫真理？一个诚实的公民尊重法律，不伤害任何人，这很正常。但有的人冒着生命危险，选择将身体作为对抗侵略者的堡垒，这样的态度又怎么解释呢？平凡人有时也会成为伟大的英雄，这样的例子不胜枚举，他们或牺牲自己保护无辜，或全心全意照顾亲人。他们榜样的力量唤起了我们心中真正的热情，这比追求自我的渴望要深刻得多。

　　所有人，无论是否存在信仰，都自然地亲近真福的理念，唯一能恰当解释这一点的就是宗教。安德烈·马尔罗的小说《人类的命运》的主角卡托夫是一位革命英雄，一个真正的无神论者，但这并不妨碍他像一个圣徒那样行事：他和另一位素不相识的同志都将面临可怕的死亡方式，但他把用于自杀的氰化物药丸交给了对方，自己则被活活烧死。尽管他不相信上帝，却把体面死亡的机会让给一个陌生人，这种行为恰如宗教中关于神圣的概念。无须惊讶，宗教的神圣概念（节操、神性、罪恶、救赎、信仰等）并不是凭空出现的。它们远没有表现出非理性想象的任意性和无限制性，而是具备一种存在的深度。它告诉我们，忽略个体的神圣性是错误的。

将宗教与科学或政治区别看待的习惯使我们自然地把前者限定在某个范围内，即我们称之为神圣的范围。这样一来就能理解为什么宗教对许多人来说——甚至对信徒来说——代表着存在的一个相当边缘化和可有可无的方面，它只通过祝祷仪式、婚配降福和葬礼来表示。这种看待宗教的方式是一种明显的错误，因为宗教不只占据了个体存在的一个方面，更占据了整个存在。宗教生活不是一个人只在礼拜日承担的东西，也不是穿上世俗的衣服就可以忘记的条件。当然，这样说并不意味着存在的每一个方面都带有宗教色彩！一个人对宗教的狂热是指他要把宗教性贯穿在小事，甚至最微不足道的事情中。与人的存在相关的事物并不都是宗教的，但存在，从其存在的层面来看，是一个明显的宗教问题。

因此，宗教并不是狭隘的领域，只致力于与神的关系，它是一种视角，将人类的生活看作一个本质上与神性相联系的整体。这并不是一个任意的推定，我们也无法用"不信"来拒绝这个观点。这里的"不信"指两方面，一方面是拒绝相信上帝和他的独子耶稣基督，另一方面是声称自己与神性的观念没有任何联系。人们也会认为生而有罪的概念和与之密切相关的救赎概念是不可接受的。对许多人来说，它们甚至代表了宗教的糟粕，因为他们认为宗教的有罪论迫使人们相信自己有错，并做无休止的、不必要的忏悔："我有罪，我有罪，我有大罪！"这种观点是可以理解的，但它错在对负罪感的认识上。这种萦绕心头的罪恶感并不是宗教造成的，后者只是提供了面对它的方法。我们几乎不需要启示就能感觉到自己有罪，甚至是极大的罪！心理治疗师总要面对绝望的病人，即使声称没有任何宗教信仰的人也会经历绝望，而绝望本身就是负罪感的明确表现。因此，我们必须从负罪感入手……

负罪感

给存在打上罪的烙印不是武断的决定，也不是神学家们的心血来潮。这是一种清醒的认识，即认识到"想要通过道德上的努力克服存在的矛盾，注定会失败"。极乐的理想永远无法实现，而这种无能为力最终都会被归结为个人的失败和过错。

当焦虑折磨着我们

道德的存在致力于满足我们对理想的追求。它勇敢地面对存在的矛盾，却凸显了理想状态的遥不可及。比如，刚刚相爱的人常常会承诺永远爱对方，永远忠诚于对方，最初的爱意似乎要求我们做出这种慷慨的承诺。然而，随着时间流逝，爱情逐渐褪色。邂逅的醉人喜悦使责任轻如鸿毛，使道德变得严苛、枯燥而沉重，似乎失去了存在的理由。甚至到了最后，忠诚变成了可怜的道德替代品，成了试图模仿"永恒之爱"的一种可悲方式。事实上，即使在最好的情况下，我们也不可能像变魔术一样让这样的矛盾消失。

道德没有带来宽容，恰恰相反，它似乎使存在变得更加难以忍受！两个人因为相爱在一起，不再受父母之命这样的外在力量控制，但与此同时，如果爱情失败，我们只能自己负责。因爱而缔结的婚姻摆脱了外在约束，却无情地暴露了我们自身的问题。在工作领域也是如此。如果我们鼓励员工表现自己，靠自己闯出天地，他就摆脱了老板的居高临下，摆脱了沉重的家长制，但与此同时，把责任完全交给个人，会迫使他反思自己的职业失败，看清自己失去工作后无法重新就业是由于缺乏竞争力和适应能力。我们对失败的恐惧不是偶然的：人越是意识到自己的自由，就越是倾向于自我归因。在这种情况下就不难理解焦虑的产生，我们要对抗焦虑，有时还要服用抗焦虑症药物。

　　克尔凯郭尔很好地展示了痛苦与犯错有关。首先，焦虑和恐惧不同，恐惧的前提是存在一个引发恐惧的事物。例如，当我们心不在焉地过马路时，一辆汽车突然径直开来，这种情况下的恐惧是有具体理由的。而焦虑没有对象，它是由一些不确定的因素引发的，它侵入我们的内心，让我们心情紧张，心里像揣着石头。比如考试前我们就会焦虑。在这种情况下，我们无法指出一个引发焦虑的具体对象，让人感到害怕的只是未来的不确定性。也就是说，我们害怕失败，我们无力应对。

我们焦虑的时候，其实并不针对某个具体对象。我们说不出未来具体哪里让人恐惧，我们只是担心自己无法应对，担心犯错。任何事情都可以引起焦虑，焦虑的成因并不具体，如果非要说，那就是对失败的恐惧。因此，焦虑的真正对象是我们自己。

无法摆脱的道德负罪感

这种对失败的恐惧从何而来？是不是因为我们对自我要求太高，无法面对真实的自己？不，理想是苛刻的，在理想面前，人会认识到任何成就都难以做到完美，这种认识不会有多大影响。没有人被要求做到完美，只要尽最大努力接近理想就可以了。即使渴望的一切都没有实现，我们至少也努力过，并能够在这种努力中找到自豪的理由。然而，当我们意识到即使拼尽全力仍然离理想越来越远时，情况就完全不同了。事实上，就是这种感觉助长了负罪感：

道德每时每刻都在，但个体不能实现它，这样就产生了无力感。我们不该误解这种感觉的来源，认为个人再怎么努力也无法触及理想，所以才无力。这样的观点没有考虑到悬空状态，就像一些无谓的努力到达某个点后只能停下。停下的原因在于，个人处于与道德要求相悖的状态，因此，他不能继续，若他保持这种状态，阻力就会越来越大。

——《哲学片段》附言

要有德行，仅仅满足于机械地遵守道德规范是不够的。如果这样就够了，我们很容易就能履行职责，成为好父母、好配偶、正直的公民和模范雇员。通过努力，我们可以逐步实现道德计划。但是，行为的好坏取决于道德意图。一个商人如果只是为了不损害自己的好名声而保持诚实，他的行为就不算德行。一个男人如果只是害怕外遇带来麻烦而对妻子忠诚，就不是真正的忠诚。不考虑道德意图，我们的善行就不能被称为善行。

这就是我们无法实现道德理想的原因，克尔凯郭尔称之为"道德的悬空"。面对各种各样的道德准则，我们被悬空了，无法做任何事情，因为我们天生负罪。不仅我们的行为是不道德的，意图也可能是不道德的。无论我们怎么做都做不好，因为每一种行动都可能被质疑。举例说明，一个孩子想成为乖孩子，但他所做的一切不能改变什么。孩子为了满足严苛的父母而拼命努力，却只会觉得自己做得永远不够，或者说永远不够好。鉴于父母对他的要求，他注定会不断失望，因为父母期待的不是他以这样或那样的方式行事，而是他应该从根本上不同于现在的样子——至少他是这么认为的。因此，他心中早就有一种潜在的内疚感，使他相信自己受到的惩罚是理所应当的：

> 众所周知，孩子的人生第一课，被问到的第一个问题就是："孩子应该得到什么？"答案："砰砰的拍打！"我们否认了原罪，但生命还是在这样的理念下开始的。
>
> ——《或此或彼》

弗洛伊德看到十九世纪末维也纳上流社会的年轻女性也被同样的恶性循环俘虏：她们被道德准则束缚着，为自己没有犯过的错感到内疚，并且控制不住自己的内疚。道德的影响如此巨大，以至于必然在我们身上产生这样的效果。我们怎么可能控制自己的欲望、时间的流逝、情绪的变化呢？我们怎么可能相信能成为理想中的自己？我是有罪还是无罪？一个人只有无视道德，才能看清善不是绝对的。有多少自认为做得对的父母，被子女指责自私！同样的，一个自认为公正的人，实际上可能很残忍。一个认为自己诚实的人，可能是故意表现得诚实。争论也说明了善不是绝对的，争论中每个人都会指责是别人犯了错，很难确定谁说的是对的。

事实上，即使是表面上最具道德的行为，也会受到质疑。这就是为什么伟大的圣徒总是感到有罪，甚至比其他人罪更多。他们对自己远不满意，并像躲避瘟疫一样躲避赞美。在他们看来，赞美无用。他们并不是过于谦虚，而是清楚地意识到自身的德行和所获得的声誉并不相称。

既然这样，我们难道还要服从于道德理想吗？要知道它只会通过强硬的要求压垮我们。我们难道不该尝试软化道德，使其更加人性化、更加切实可行吗？这种软化道德使其更加人性化的愿望是完全可以理解的。在尼采眼中，这种愿望甚至呈现出更加激进的一面，即对犹太教-基督教价值观的公开宣战。尼采在负罪感中找到了道德反人性的证据，他建议将人从这种道德中解放出来，还生命以自然的纯真。但是，以这种方式摆脱道德，就等于抛弃绝对，同时允许我们放弃人之所以为人的宝贵条件。诚然，猎豹或黑猩猩没有理由感到丝毫的愧疚，但这是因为它们满足现状，不追求任何极乐的理想。摆脱道德能让我们获得什么呢？一种动物状态，如尼采所说，让我们的所有行为都由"力量意志"(volonté de puissance)所驱动，或者一个简单的公民身份，在那里，道德的规定不过是旨在改善社会关系的行为准则？很明显，事实并非如此！即使我们能通过放弃道德来减轻负罪感，但这需要多大的代价呢？这样的方案（放弃我们作为人的地位）是理想的方案吗？

不完美被认为是一种过失

我们为什么要背负无力感？毕竟这不是我们的错。为什么，以什么名义，我们要因生而为人而感到有罪？实际上，正因为我们是人，才会觉得自己有罪。例如，一个女人也许没能自发地对孩子产生爱的感觉，她一开始就把孩子看作一个占据她生活的陌生人。如果我们告诉她，这种没有爱的情况不是她的错，是产后抑郁造成的，也没什么大用处。她很清楚，她不能强迫自己去爱，这不是她的错。但这种爱的无力感在她眼中仍然是不可原谅的过错。即使我们告诉她，她无须对这种冷漠负责，她仍然会有负罪感。同样，当事故夺去我们身边人的生命时，我们会不可避免地感到内疚。想想啊，如果我早知道，本来可以避免的！为什么会发生在他身上？为什么死的不是我？这种内疚侵蚀着我们，让人难以承受。实际上，我们有充分理由认为负罪感是不合理的，毕竟发生这种事不是我们的责任。

但问题是：我们的能力是有限的，我们无法防止意外，我们缺乏预见性、预测能力、预知能力。这种缺乏不是简单、共同的宿命，它首先是我们作为个体的命运，我们的有限，我们的缺点。这种缺乏的根本不取决于我们，但它仍然属于我们，需要个体来承担。所有的安慰都无济于事：即使不可能，我们也觉得自己应该预知，没有预知是我们的责任。一旦被认定为自身的过失，那些人性本来的弱点就变成了个体的错误。不爱孩子的女人也是如此：在找到证据解释这种情况之前，没有爱的人就是她，不是其他人。因此，她只能承担不爱的责任，即使这可能不是她的错。

了解了永恒和自由，我们就必然会有负罪感。因自身而内疚，因为无法解释的有限性而内疚，这种原罪竟然要求我们对命运的打击承担道德责任！当存在的必然涌入脑海，用无数个体的苦难提醒我们时，我们必将发现命运的不公。但不公正的，首先竟是命运给予我们的恩惠。人都是同根而生，为什么受难的是他们而不是我们？当命运的危险击倒了他们，幸免于难的我们怎能不产生负罪感呢？为什么我们没有承受这普遍的苦难？面对一个不幸的人、穷人或病人，我们不可能无动于衷，享受舒适生活的我们会想要补偿他们：

我们的幸运儿听到了世界的苦难和不幸。最终他愿意做出牺牲，获得赞扬。但想象力并不止步于此。它以一种可怕的方式描绘了苦难，苦难上升到极点时，一个想法出现，一个声音告诉他："这种事很可能也会发生在你身上。"如果听到这些话的人身上流淌着骑士的血液，他就会说："为什么我会幸免？"

——《生命之路》

背负内疚直至自认有罪

如果我们认识到内疚是心理生活中不可避免的，我们很容易就会将它与古老的宗教词汇"罪"相联系。因为没有其他概念能更充分地表达这个与我们密切相关的缺陷，它完全决定着我们，将我们（严格来说）定义为罪人。罪的概念从根本上反映了生命的状况，它知道自己被过错束缚，因为过错本就是个体有限性的一部分，个体因其存在具有了缺陷。兰波曾说，这种罪"从理性的年龄开始就在我身边长出痛苦的根，它绵延至云霄，抽打我，击倒我，拖着我走"。

助长了绝望的不就是这种阴暗的负罪感吗？在第一部分，我们说过绝望是一种自我厌恶，它反映出个体意识到了存在的悖论：使我们绝望的是无法按照意愿决定自己的存在，在矛盾的两端，一边是天性中对自由和永恒的向往，另一边是无法摆脱的身份的重量。现在我们需要解释为什么这种自责会采取自我审判的形式："我毫无价值，是个失败者，无足轻重。"如果绝望的人不必如此内疚，如果他把"不能做自己"当成一个简单的心理事实、无可避免的自然法则，他就不会倾向于对自己绝望。那么，他究竟为什么绝望呢？因为他总在压垮他的矛盾中看到一种个人的责任和不足。即使他无能为力，他仍然认为是自己的错。

这种感觉，不亚于存在层面的彻底失败，它看起来很可怕，没有解决办法，但在现实中，这种绝望意识促使我们顽强地抱有希望：在负罪的概念中，我们无法成为应该成为的人，不是因为人性中不可救药的缺陷，而是因为我们犯了错。只要我们继续把生存困境归因于个人的失败，幸福的希望就不会消失。如果我们认识到存在的失败不是个体的错，事实上它表达了人类可悲又不可逾越的真相，情况就会不同，幸福的理想就会突然变成谎言。既然知道了自己生活在谎言中，我们就应该坚定地拒绝谎言：

主观的是真的。还有其他更触及内在的说法吗？当"主观的是真的"变成"主观的不是真的"【……】实际表达的是个体的罪，不是客观真相。

——《哲学片段》附言

关键问题

1. 你是否常常因为工作或家庭生活感到焦虑/苦恼、有压力？你认为这是出于什么原因？是不是因为你觉得自己要对很多事情负责，而且你想做好，不允许自己失败？

2. 现在假设你不用再负担其中一些责任，你会有什么反应？是否会觉得松了一口气，没了负担？又或者，你会不会为余下的责任变得更加焦虑？孩子很幸运，他们在生活中没有大事要处理，但他们会因为成绩感到非常焦虑！

3. 你是否会有这样的印象，你亲近的人通过他们的言论或态度滋长了你的负罪感？"你总是不停责备我！对你来说，我什么都做不好！无论我做什么都会让人失望！"责备别人的人也请诚实地问问自己：被你责备的人真的该承受这种怨恨吗？他是不是也反过来用自己的存在滋长了你的负罪感？

4. 如果他的不断责备使你内疚，请问问自己：如果没有这种倾向，你会产生这种感觉吗？我们不可能强迫一个人感到内疚，因此你的负罪感是个人问题，你不能为了解脱自己，就把发生在自己身上的事归咎于别人。

5. 当我们看到过于痛苦的场面，或者看到残疾人时，我们倾向于移开视线。如果你感到不适，你的这种意识是不是一种不好的意识？你没有忍受饥饿，没有残疾，这毕竟不是你的错。既然如此，为什么你会对别人的不幸感到如此内疚呢？

神性的存在

如果我们不能意识到个体的罪是主观的，就永远无法向神性的理念开放自己。这观点可笑，还是说是纯粹的迷信？事实恰恰相反：无论我们是否喜欢这种观点，存在都是宗教性的，因为它必然与神性有关。从这个角度来看，最虔诚的信徒和最笃定的无神论者之间没什么差别——两者都与神性相联系，因此两者的存在都已经被置于宗教背景下。无神论者不认为自己和宗教有关，但事实并非如此：

他拒绝信仰，但他仍然与神性相联系。

企图让理性成为判断真理的唯一标准

我很肯定你们中的一些人不赞同这种观点。对许多人来说，神性的想法要么是种盲目的信仰，要么纯粹是胡说八道。这一切到头来都只是不入流的、巨大的幻境。我们对永恒的感觉——不真实，我们相信的绝对自由——假的，只可能在文学作品中存在吧。还有对上帝的信仰，这位全能的神，永恒幸福的保证者和人类命运的仲裁者。宗教宣称上帝创造了人，有人认为这过于幼稚，而另一些人不断证明其实是人创造了上帝。他们甚至可能会补充说，上帝是人创造的一个早产儿，是人类幼年时期心智尚未成熟时创造的孩子，那时人的理性可能才刚刚突破稚嫩的想象！

诚然，只要我们努力保持理性，神性的想法就没什么严肃性了。或者，假使我们相信神性，那也是出于理性的原因，以哲学家的方式进行。比如我们要无限地追溯，寻找宇宙的起源，我们必将在逻辑上假设存在第一因，这个第一因会产生一切，除了它本身。如果没有第一因存在，我们将不得不无限地倒退，永远找不到宇宙的起源。这种相信神性的方式与宗教无关。它既不以神启为前提，也不以盲目的信仰为前提。这就是我们所说的"自然神论（déisme）"，也就是理智地相信有一个至高的存在。

根据定义，神圣的概念预设了"其他"：它暗指超现实，即一个超越人类理解的现实。神圣的理念不允许自己被人类的智慧掌握；相反，它需要人剥离理性，以迎接神秘的到来。事实上，我们对无限自由、永恒和绝对的追求，反映出的不就是对超越现实的渴望吗？我们越想找到自我，就越会在与自我的对话中感受到神秘他者的存在：

> 哦，只为我，只对我，只在于我【……】
> 我等待着伟大内心的回声。
> 这池水苦涩、黑暗、铿锵
> 未知的未来在灵魂中回响。[1]

这样的表达有严肃性吗？事实上，如果我们觉得它不合时宜，如果我们倾向于认为它是纯粹诗意的想象，那是因为我们总是将理性作为衡量事物的标准。我们很难想象现实可以是理性以外的东西。我们并非企图认识一切，了

1　出自保尔·瓦雷里《海滨墓园》。

解一切，而是我们认为，对可认识的事物来说，理性是认识的唯一途径。即使我们的企图不能实现，我们也要让现存的事物都逃避不了理性的解释。从这个角度看，我们很难想象，也不能接受现实中存在悖论，因为悖论本身就是模糊的。通过使理性成为衡量真理的唯一标准，我们隐隐地表明了对神性的拒绝。

超越理性的未知

有趣的是，这种对理性力量的迷信，本身并不理性！相反，这是盲目的标志，是需要被质疑的。在这个问题上，普通人比哲学家更有分寸，他们不像哲学家那样轻易就推崇理性。人为什么要把理性作为真理的唯一标准呢？这种信心是合理的吗？我们难道不应该质疑知识的力量，并理性地质疑理性的边界吗？我们真的应该将求知欲用对地方：

激情的极限是渴望毁灭，智慧会通过寻求刺激达到极致的激情。这就是思想的终极悖论，思想企图寻找无法被思考的东西。这种思想的激情无处不在，在个体身上也是如此，当他思考的时候，他不仅仅是自己。

——《哲学片段》

最后一句话可以解释如下：即使想阻止，我们也无法阻止思想对未知的思考。思想并不完全取决于个人意愿，它依照自己的逻辑行事。然而，这种逻辑会不可避免地将它引向自我毁灭，导向未知。这里的未知不是因暂时缺乏智慧而被忽略的部分，而是因智慧的内在限制导致的未知。

但是，智慧与激情悖论中的未知是什么？它甚至扰乱了人的自我认知？它是未知的。它不是已知的，不属于人，也不是人认识的其他东西。让我们把这个未知命名为神，一个我们赋予它的名字。

——《哲学片段》

它只是一个名称，无论我们称其为"他者""绝对""异类"还是"神圣"，表达的都是同一个意思。重要的是要明白，神性不是人的想象，不是希腊或罗马的神，神性是理性的孩子，这种理性不是真理的标准，而恰恰是非真理的标准！因此，神性的存在不取决于我们。就算真正的无神论者、不认同神性的人，也不得不承认自己存在神性的想法。让我们更进一步：他的"不相信"到底是什么意思？"我不相信上帝"这句话有什么含义？这句话不能说明我们不相信神性的理念，因为这种信仰并不由人自由决定，它是不言而喻的，是理性强加的：

在否认未知的条件下表达自身与未知的关系是不可能的，因为这种否认恰恰表明了存在。

——《哲学片段》

当我们宣称自己是无神论者时，我们真正想表达的不是神存在或不存在，而是自己的身份。即：这个与我有关的未知，他是谁？他是神吗？是《圣经》描述的那位神，还是别的什么？简而言之，我们不是在确定其存在，只是对其进行描述：

如果恰恰相反，我想先证明上帝存在，从而证明未知就是上帝，那很不幸，我将什么都证明不了，证明不了任何存在，而只是拓展了一种观念。

——《哲学片段》

"未知是什么"这个问题非常关键，但只有先承认了它的存在，才会有这个问题。无论我们是不是无神论者，无论我们是否声称属于某个教会，或不属于任何教会，我们的态度都具有深刻的宗教色彩。即使一个声称不受任何宗教束缚的人，一个冷漠对待宗教的人，也脱离不了与神性的关系。只要他的冷漠是"对神性的冷漠"，就表示他已经清楚地认识到神性的理念是什么了。

从未知到启示

把存在归于宗教层面似乎有点过分，因为宗教不仅仅是神性的观念，还包括神启的话语、神圣的文本，以及个人的信仰。但我们是否有权认定宗教与我们没有任何直接联系，所谓"牧师的故事"与我们没有内在关系呢？从逻辑上讲，我们不能这样主张，因为未知必然带来神启的可能，即使这种启示从未发生，但可能性依旧存在。无论我们对神启的看法如何，这个概念就像神性概念一样，是不言而喻的。隐含的结论就是：未知的东西只有通过时空的显现才能成为已知。我们与神的关联，不受自身智慧影响。人需要启示就意味着人不是衡量真理的标准。

问题不在于我们相不相信这个"好消息"，我们甚至可以认为这种观点不过是编故事。我们很容易就能想到，人不会被动等待神启，而是会主动推动未知的显现。人是拥有智识的，没什么能否定这一点，这就是为什么我们说宗教是信仰问题。这么说来，人可以没有信仰，但没有信仰本身预设了信仰的存在。当一个人宣称没有信仰时，这里的信仰指的是他所说的某种宗教，或所有的宗教。但缺乏信仰也是一种宗教姿态，是个体对神启的态度。如果没有任何启示让我们萌发信仰，我们就没必要相信。总的来说，拒绝信仰不是拒绝宗教，而是采取了一种只有通过宗教内核才能被理解的立场。

信徒与非信徒：只是程度差异

信徒与非信徒之间的对立是一种错误。非信徒与信徒一样和宗教相联系，同时，信徒也不像他想的那样与非信徒不同。在宗教问题上，不是只有信或不信两种选择。真正的信仰需要超常的努力，我们是做不到的。克尔凯郭尔曾说，没有人可以声称自己有信仰，因为信仰不是迷信。迷信者的特点是超常的信任，把理性变成了荒谬的偏见和荒诞的信仰。失去批判意识的迷信者很容易将轻信变成笃定，甚至狂热，比如那些被困在宗派运动中的人。而信仰没有剥夺批判意识，也没有承诺缓解人的疑虑和担忧。相反，它迫使我们始终清醒地意识到，从客观理性的角度来看，我们所相信的东西是非常不可靠的：

> 那么，客观上，我们只拥有不确定性，而正是不确定性催生了内在无尽的激情。无尽的激情促生了大胆的行动，让人勇敢选择客观的不确定性，这就是真理[……]这里的真理和信仰的定义类似。没有风险，就没有信仰。信仰正是内心充盈的激情与客观的不确定性之间的矛盾。如果我确定能把握上帝，我就不会再相信，但正因为我不能，所以我必须相信。同时，如果我想保持信仰，我就不能忘记客观的不确定性。

——《哲学片段》附言

这段话非常有趣，它明确表明了拥有信仰不意味着放弃不确定性。一个对自己有把握的人不需要信仰，相反，信徒必须克服不确定来展示自己的信念，这是一项艰巨的任务！看看克尔凯郭尔讲的亚伯拉罕的故事：一个珍爱小儿子的慈父怎么能顺从那个声音，去献祭自己的孩子？从道德角度来看，理性永远不可能支持这样的行为。这是变态的，毫无理智！什么样的力量、什么样的信任让他选择放弃最神圣的理性呢？如果亚伯拉罕是一个宗教狂热者，他当然会毫不犹豫地听从上天的声音。但他真正的强大之处恰恰在于接受自己犯下的不可挽回的罪行，而不试图给自己任何理由，同时充分认识到他所做的事情是可怕的。

如我们所见，拥有信仰是对智力的折磨。放弃相信自己是衡量真理的标准，能做到这一点非常不容易，因此拥有真正的信仰很难。我们以基督教为例（克尔凯郭尔没有阐述基督教以外的其他宗教），它要求我们相信的东西是难以置信的：这里有一位化身为人的上帝。从这个人身上我们了解到，他的到来是为了拯救所有人，并在十字架上用爱赎回他们的罪。这种说法似乎如此高大，即使它在历史上真实发生过，人们也需要具有不凡的勇气才能接受它。为什么我们要不顾一切，选择相信一个自称是上帝的人呢？我们又为什么要相信那些将他的话传给我们的先知或门徒呢？可以肯定的是，很多情况下信仰是种危险的赌注。人的整个存在被置于宗教背景之下，并不是说每个人都是不自知的信徒。事实上，情况恰恰相反：每个信徒都是一个挣扎的无神论者。

关键问题

1. 你心中是否有一些自认为神圣的东西，任何人都无权触碰，任何人在任何情况下都不能玷污，不能亵渎？例如对已故亲人的记忆，或是孩童时的纯真，或是一些价值观，比如人权。你认为它们是从哪里得到的这种特殊地位，使它们摆脱了平庸？一般来说，任何东西都有一个价格，即使价格再高也还是可以衡量的。那么，在当今时代，无价之宝和神圣之地是怎样存续的呢？

2. 如果你没有信仰，请诚实地看看，有没有一个人或一个事物，在你的生活中承担了完全相同的角色。你可能认为自己是一个非常理性的人，对任何神秘的东西都过敏，但难道不是这种自发的对神秘的信仰让你拥有了最好的审美情感吗？例如音乐对你的深深触动，是否潜移默化地让你感到超脱了自己？如果你在听音乐的时候都试图用理性去解释和理解，你还能够体会到类似的情感吗？

3. 你认为神启是可憎的骗局吗？如果是，你能说说为什么这样认为吗？你是否认为宗教在强迫你盲目相信，并顺从地做那些错误和荒谬的事？如果是这样，与你所想的相反，你并没有摆脱信仰，你已经在信仰的势力范围内了。事实上，你否定信仰，证明你完全明白这一切是怎么回事。你不仅清楚地认识到信仰的要求，还敏锐地感受到了信仰的诱惑。简而言之，你实际上在非常认真地对待它。因此，你内心的挣扎与信徒相差不大。

4. 也许你认为这些问题与自己无关，你压根不在乎信仰的问题。但如果医生明天告诉你，你将会死去，你还会不在乎吗？想象一下，他告诉你，你得了不治之症，但他无法预测你会在一年、十年还是三十年后死去。如果这种情况可能会让你有所改变，那么问问自己，是不是信仰让你自我感觉没那么糟糕？不管病能不能治好，你都不知道自己是否会在一年、十年或三十年后死亡。

5. 如果你有信仰，或者你是教徒，也要问问自己，你的信仰是否真诚。在你的信仰中，难道没有一些你认为不合理的东西吗？你难道没有自发地选择想要相信的教条吗？例如，你想相信天堂，但不相信地狱；你想相信耶稣的复活，但不愿相信原罪……如果相信什么是由自己决定的，那这还算得上宗教吗？

福音

罪的概念，人与神性的联系以及真福，为存在赋予了宗教色彩。但如果我们没什么好理由去相信，又有什么能推动我们去践行呢？我们只会放弃对真福（béatitude，极乐）的追求。我们总认为所有人都在追求幸福（bonheur），追求善（bien），事实却并非如此。最重要的是，我们每个人都怀有救赎的梦想，这将奇迹般地把我们从本来的自我中拯救出来。

信仰：绝境中的无奈之举

瑞典作家斯蒂格·达格曼写道："我们需要被安慰，但这种需求是不可能得到满足的。"这句话是他在自杀前写的最后一份手稿的标题。在手稿的第一行中，这位年轻的作家就明确提出了每个人都需要思考的信仰问题：

我没有信仰，因此不可能幸福，如果人为生命向着必死的荒谬徘徊而忧虑，就不可能幸福。

正因为我们清楚地认识到绝望，才需要安慰。我们知道不论怎么做都无法结束存在的矛盾。我们是这矛盾的一部分，不能寄望通过自己的手段来摆脱它。治疗可能会缓解绝望，减轻痛苦，但它不能将我们从人类的命运中解放出来。我们从道德上服务于理想的努力、表现出的英雄主义，并没有使我们摆脱绝望，反而让我们赤裸裸地暴露在它面前，所以我们又被打回原点，陷入绝望。正是绝望最终让人的存在与宗教联系起来：

> 审美的存在由愉悦组成，伦理的存在包括斗争和胜利，而虔诚的存在意味着痛苦，痛苦不是某种过渡时刻，而是永远伴随着主体。
>
> ——《哲学片段》附言

这就是为什么信仰问题不能被简化为智识上的坚持，不能被简化为中立的信与不信的问题。宗教的重点不是最终决定相信耶稣基督或是相信上帝，如果这么理解宗教生活，那真是一种糟糕的方式。

从词源上看，信仰不是一种信念，而是一种信任。我们不是相信某个事物，而是相信某个人。不论他是谁，只有当我们把信仰寄托在他身上时，才会下决心把他的话当作真理。从这个角度说，宗教信仰更类似于一种情感关系，而不是一种深思熟虑的判断：

> 信仰不是对愚笨者的教导，不是弱者的庇护所。信仰

本来就是一个领域，基督教却把它变成了种种教义，并将它拉到了知识性层面，因而任何的错误都能立刻被识别出来。智力领域的极限是不再关注"主"，而在信仰中则相反，信仰的极限是对主产生无限的兴趣。

——《哲学片段》附言

因为只与内在的、情感的东西有关，所以信仰不是一个中立的承诺。在我们眼里，它的价值只在于情感寄托。如果我们满足于客观地思考问题，它就没有任何价值。这样的观点是巨大的错误，它忽略了信仰中的等待和期望。信仰是信任的姿态，也是狂热希望的宣言。"我从深处向你呼求[……]我的灵魂等候耶和华，胜过守望者等候黎明。"《诗篇》129中唱道。那些对失去的事物还坚持相信的人，我们说他们有"信仰"。不顾一切地相信不可能的事情仍然是可能的，正是信仰的定义。信仰是一种不认命的姿态，是有些顽强的固执，我们有时会在那些努力维护爱情的夫妻身上发现这一点。在许多方面，夫妻关系存续时间的巨大差异与双方面临的困难（往往是相同的困难）关系不大，而与他们共同克服困难的态度有关。一个信仰问题：

在平静的天气里静静坐在船上，这不是信仰的写照，但当船漏水时，能主动借助水泵一直控制好船身，还不急着回港，才是信仰的样子。

——《哲学片段》附言

如今我们离信仰如此遥远，其实并不是因为理性，也不是因为人们不容易受骗了。宗教活动减少可能有其他原因，比如我们对人类本质的遗忘：由于过着肤浅的生活，我们很难充分感受到人类命运的悲剧性特征。如果哈姆雷特沉溺于死亡的黑暗，我们会认为他患上了讨厌的抑郁症，因此他没必要太担心这个问题。哈姆雷特只是身体不舒服而已，跟丹麦这个国家无关。此类观点导致我们用傲慢的眼光看待宗教，就像那些认为宗教无用的人一样。要知道，基督教以及其他启示宗教之所以在历史上如此成功，首先是因为它们给那些急需希望的人带来了希望之音。

希望的赌注：相信不可能

我们不可能一直傲慢地看待宗教，只要绝望还在持续，就不可能。克尔凯郭尔写道：有了孩子，病床前的母亲才有了祈祷，就像有了悲伤的爱人才有了诗歌。只要人们觉得有希望找到解决方案，祈祷就是无用的，人们仍然可以采取行动。但当一切结束，希望皆已失去，除抱有不可能的事还有可能的信念，你还能做什么？任何失去至亲的人都对此有所了解。我们怎样面对他们的死亡？希望一切还未结束吗？一个人如果真的无路可走，就会另辟蹊径，寻找希望。你不需要掌握任何信条，就能感受到内心自然而然涌现出的祈祷的愿望："上天啊，帮帮我！"谁能保证自己从未说过这句话？

祈祷就像呼吸，对人来说像氧气之于肺部……只有他明白了一切皆有可能，才能与上天取得联系。

——《绝望论》

我们要相信奇迹。奇迹并不是所谓的超自然表现，奇迹告诉我们，不可能是可能的，永恒的爱不是空话，永恒的幸福不是虔诚的愿望，我们所有为善服务的道德努力不是无用的，因为它们得到了神圣天意的支持……

真的是这样，还是说这是一种简单粗暴的方式，让我们将梦想误认为现实？但是，如果这种对奇迹的信仰不可接受，那么要怎么看待奔放的爱、审美的情感，和高尚的道德呢？所有这一切都是奇迹啊！也许它们是短暂的，不足以调和时间与永恒，但奇迹不就是这样吗？即使在今天，充满怀疑精神的我们也倾向于把奇迹看作恩典时刻，它在我们身上唤醒了一种自然的虔诚：

爱的自发性只承认一种自发与之相等，那就是宗教的自发性【……】这就是为什么爱的奇迹被认为是纯粹的宗教奇迹，爱的荒诞与宗教情感的荒诞达成了神圣的理解！这就是爱的奇迹。一个尊重常识、简单而诚实的人会明白，荒诞必然存在，它难以理解。

——《生命之路》

克尔凯郭尔说的这一点很容易验证。当你恋爱的时候，你难道不是自然地用宗教词汇来表达爱意吗？你所爱的人是"被崇拜的"(adorée)，让你"心潮澎湃"(transport)、"神游天外"(ravissement)、"意乱情迷"(extase)，他或她是"上天的礼物"……这一切都证明真爱被看作奇迹。

永不屈服

我们用这么多页的篇幅讨论存在问题，最后得出的解决方案是相信奇迹，这是不是让人感到失望？你有权认为这个解决方案是可悲的！难道克尔凯郭尔没有更好的办法吗？深入来看，这其实是一个雄心勃勃的解决方案，是唯一一个不需要你放弃自我的解决方案。这完全不是一种认命的方式，因为认命就意味着抛弃这种生活，在一个更好的世界里避难，寻求安慰。已经屈服的人对自己说，既然我不能在这一生中实现自己的理想，来世还可以实现。我必须要有耐心，承受发生在我身上的事情，等待这一生过去。这种态度怎么可能是可取的呢？当孩子被疾病夺走时，母亲要心甘情愿地看着孩子死亡？我们怎么能甘心接受这样的痛苦呢？这个倾尽全力的母亲灵魂深处希望的是孩子活着，此时此刻她想要的是一个奇迹。

很多哲学学说声称可以提供有效方法来对抗生命的痛苦，但大多数解决办法都归结为：既然我们无法对抗必然，试图对抗它就没有意义；相反，我们必须接受它，甚至在理想的情况下，主动承担命运强加的东西，把它看作至高的理性表现。斯多葛派称之为"命运之爱"(amor fati)。当约伯看到无数灾难接二连三地降临在自己身上时，他一开始表现出的是屈从："上帝给我的，上帝拿走了。赞美主。"但当他厌倦了接受必然，当那个时刻到来，他喊出了反抗的声音:"我的苦难比海中的沙子还沉重!"正是在那一刻,在他拒绝接受不可接受的东西, 从而继续忠于极乐的理想时, 最能体现他的信仰:

> 约伯的伟大在于他没有用虚假的满足扼杀对自由的渴望。
>
> ——《日记(三)》

从这个角度看, 我们都像约伯一样。尽管哲学家们提出了明智的建议, 我们还是拒绝接受邪恶的存在, 拒绝接受疾病的任意性, 拒绝接受不应有的惩罚。对我们来说, 没有什么比牺牲一个无辜的人更可怕了; 在我们眼里, 没有什么能让我们停止与不公正做斗争。那些处理痛苦的解决方案都是人为的, 它们要求我们放弃一部分自己: 我们要么在想象中寻求庇护, 逃避进绝对自由和永恒的假象中, 在那里时间和必然都不存在(这是一种屈从的方案); 或者相反, 我们认同必然性和时间无情的流逝, 放弃自由, 接受一切命运强加的东西(命运之爱)。这些解决方案都是人提出来的, 但它们也是不切实际的。这些方案提议通过放弃人的一部分来切断矛盾! 换句话说, 它们需要人放弃人之为人的部分条件。但我们是人, 严格来说, 我们不可能放弃自由, 也不可能放弃我们现实中停驻的"此岸"。

所以，我们自然需要相信奇迹。奇迹不是另一个世界的解决方案，而是此时此地的解决方案。信仰不是放弃现有的生活方式，而是以一种前所未有的方式，以一种无论发生什么都要克服必然的不可动摇的信心去坚持这种生活。克尔凯郭尔把这种情况比作杂技中的跳高，演员升到空中后又落回原地。他的起跳不是一种逃避，因为他外在的位置没有发生任何变化。你做的事情和你产生信仰之前做的完全一样，在实践中，发生在你身上的事情和发生在其他人身上的事情完全一样，但当你选择相信奇迹时，一切看似没有改变的东西都改变了。

相信奇迹并不能阻止不可避免的事情发生。约伯还将坐在粪堆上，母亲可以为孩子祈祷一整夜，却什么都不能改变。但这并不是我们所说的奇迹。约伯必须有一个不可动摇的信念，那就是他失去的东西都将以某种方式百倍地归还于他。没人强迫他屈服，强迫他明白存在是虚无的，人要放弃此岸。如果他必须放弃人性，那么他对极乐的渴望就毫无价值。悲伤的母亲必须全力以赴地相信，她失去的孩子还活着。选择屈服的人会对她说："你要把自己从束缚中解放出来，这个世界和你的孩子都是枷锁。天堂里，你既没有父母也没有孩子。"斯多葛会对她说："如果你失去了孩子，你就对自己说，你已经把他还回去了，因为他本就不属于你。"信徒呢，会对她说什么？实际上在这种时候，她唯一需要听到的是："别担心，您的孩子还没有死。死亡已经被打败了。他会回来的。"在抚慰人心这个问题上，还没有哪种智慧的哲学体系能找到更好的办法，这就是为什么宗教生活在未来很长一段时间内仍将是人类存在唯一可能的视野。

哲学—行动

1. 学会信任是迈向信仰的第一步，也是一种爱他人的方式，是最值得推荐的。信任某人不是确信他们做某件事的概率，而是希望他们能做到。母亲可能没有任何理由就选择相信自己的孩子，丈夫对妻子的信赖可能是无条件的，这就是我们所说的信任。如果你只把钱借给那些你认为"值得信赖"的人，它就不再是信任，而是一种经过计算的投资。如果你不能首先去信任别人，别人就无法证明自己值得信任。父母对孩子的付出如果是有严格条件的，就不能激发孩子的信任感。一个不信任妻子的人不再是有爱的人，而是一个嫉妒的人，想确保对自己所爱之物的使用权和所有权。

2. 要有勇气去期望。期望不是希望。当我们有理由相信某些事情可能发生时，我们就有了希望，而期望是在失去希望的时候出现的。我们低估了期望在生活中的关键性作用：最伟大的成就不是在有利概率的基础上取得的，而是忽略这些概率。当一个人不顾众人劝告，独自相信有可能做到别人都认为不可能的事情时，他就有了信仰。正如我们所知，信仰可平山海！

3. 你应该学会把努力得到的东西当作馈赠。当你把你爱的孩子看作礼物，而不是来之不易的财产时，他就会更有价值。每一个生命不都是奇迹吗？如果你把爱你的一方看作战利品，这个人就什么都不是了。当你把他或她当作美好的馈赠，情况就会不同，真正的邂逅都是如此。你可能已经通过努力赢得了事业，但其他同样值得的人没有享受到同样的成功。总之，你要谦虚，接受天意是超我的。

生平

介绍

与留给后世的作品相比，作家的生活往往是微不足道的，甚至令人失望。人们很难从作家的生活方式中看出他写作上的天赋，也很少有思想家按自己提出的思想去生活，并思考生活中的一切，但克尔凯郭尔就是这样的一个人。1813年5月5日他出生在哥本哈根，1855年11月11日在医院悲惨地死去，享年42岁。他的整个思想家生涯都在对自己的生命进行长篇解释。

他的著作书写的都是自己亲历的故事，比如令人难以承受的负罪感和对罪的认识。他从他的父亲米凯尔·克尔凯郭尔那里继承了这份沉重的遗产。他的父亲是一位富商，也是坚定的基督徒，他的命运就像那个被诅咒的小牧羊人（小牧羊人在承受苦难后曾用一句话诅咒上帝），到死都要承担后果，连带他的儿子也要被惩罚。米凯尔·克尔凯郭尔老年得子，却接连丧子，索伦·奥比·克尔凯郭尔是七个兄弟姐妹中最小的一个，七个孩子只活下来两个。上帝的惩罚似乎源源不断，索伦绝望地谈到自己一生都在对抗严重的忧郁，医生都无法解决这个问题。

1830年高中毕业后，年轻的索伦进入大学学习神学。从17岁到28岁，他过着无忧无虑的生活，并赞同当时在哥本哈根盛行的花花公子主义和非传统的浪漫主义。在这一时期，他树立了影响自己一生的存在美学观，但父亲的去世改变了一切。1838年8月9日，克尔凯郭尔的父亲去世。三年后，索伦完成了神学方向的博士论文，并决定订婚。但他最后又不惜千辛万苦解除了婚约，婚礼也因此未能举行。他的新娘雷金·奥尔森嫁给了别人。他无法履行丈夫的职责，也清楚自己违背了誓言，这激发了他对爱情和道德责任的思考。他将这个未能与他结婚的女人视为挚爱，以至于将她作为自己遗产的唯一继承人。他的遗嘱这样说道："我希望说明，对我来说，订婚也像婚姻一样具有约束力，因此，我的财产属于她。"

克尔凯郭尔摆脱了爱情，独自度过余生，也没有留下后代。从1841年到1855年，在父亲遗产的帮助下，他坚持不懈地写作，用14年的时间完成了一部部巨作。写作的狂热日复一日地耗尽了他的精力，直到1855年10月2日，他在街上昏迷。显然，他笔下生命的熊熊之火、吞噬一切的激情，就是他的亲身经历。写作要他牺牲一切，除了写作，其他都不存在。对许多心理学家来说，克尔凯郭尔被看作教科书式的案例：在他们看来，他的生活不断滋养着他的思维，解释着他的作品。例如，他的忧郁解释了他所写的绝望。但这样的观点并不是对他生活公平、诚实的评价。克尔凯郭尔的伟大之处在于，将个人的特殊经历提升到关涉所有人的存在主义的高度。他在个体的苦难中体会着存在。作为一个存在主义思想家，他践行着存在主义，用自身的弱点和选择展示出一个典型的人的形象。

克尔凯郭尔留给后世的作品毁誉参半。一方面，他是存在主义哲学的参照点，许多哲学家都受到他的影响，如卡尔·雅斯贝尔斯、让-保罗·萨特、马丁·海德格尔、保罗·利科。但另一方面，有哲学家宣称自己是康德派、尼采派或海德格尔派的，却没有一个哲学家说自己是克尔凯郭尔派的。从这个角度看，克尔凯郭尔有很多小表弟，但没有直接继承人。为什么呢？因为他不是一个纯粹的哲学家，也不打算成为一个哲学家。像帕斯卡一样，他对哲学的理性主张怀有太多的不信任，无法成为他们中的正式成员。他太过虔诚，太过执着，太过愤怒，太过热情……

阅读

指南

克尔凯郭尔著作颇丰：仅保罗-亨利·蒂索和他女儿整理出版的作品就不少于20卷。除了哲学著作外，还包括许多具有教育意义的布道和日记。

克尔凯郭尔的作品：

《或此或彼》，伽利马出版社，《如是》，1943年。

该书有时被译为《选择》，这是克尔凯郭尔的第一部重要作品。书中没有太多关于宗教的内容，但它已经涉及了存在的美学概念（特别是著名的《诱惑者日记》）与爱的伦理概念间的对立。

《恐惧与战栗》，海岸出版社，《微型图书馆系列》，2000年。

本书讲述了亚伯拉罕牺牲以撒的故事，并对这一事件进行了漫长而壮丽的冥想。书中有对信仰主题的诗意思考。

《旧事重提》，弗拉马利翁出版社，《GF系列》，1990年。

这是一篇通俗易懂的文章，探讨了责任与忠

诚的问题：如何在爱中忠于他人，如何在信仰中忠于上帝，以及如何忠于自己。

《哲学片段》，伽利马出版社，《如是》，1990年。

本书通过对师徒关系异于常人的反思，深刻探讨了"成为基督徒"的问题。教育工作者应该都会对该书感兴趣。

《焦虑的概念》，伽利马出版社，《如是》，1990年。

这是一部颇具吸引力的作品，非常有条理。它也是一篇应用了神学的论文。克尔凯郭尔运用完美辩证法，表明了如何用宗教巧妙地解释普遍的心理现象——焦虑。

《生命之路》，伽利马出版社，《如是》，1948年。

这篇文章延续了《或此或彼》中发起的辩论，并在双声的辩论中加入了宗教元素。

《哲学片段》附言，伽利马出版社，《如是》，1949年。

毫无疑问，这是克尔凯郭尔思想之集大成者、价值连城的宝藏。它梳理了以下主题：遗忘与新思想。

《死亡的疾病》，收录于《论绝望》，伽利马出版社，《如是》，1990年。

完美的收关之作。与《焦虑的概念》一样，《论绝望》也是一部应用于心理学领域的神学大作。你在第一部分中读到的大部分内容都来自此处。

其他被引作品：

《文学报告》，收录于《克尔凯郭尔全集》，奥朗特出版社，1979年。

《对我作品的解释》，收录于《克尔凯郭尔全集》，奥朗特出版社，1979年。

评论性作品：

乔治·古斯多夫，《克尔凯郭尔》，赛热尔斯出版社，1963年（2011年再版，CNRS出版社）。

这是一本简明易懂的书，是克尔凯郭尔丛书中的一部优秀作品。

奥利维埃·考利，《克尔凯郭尔》，法国大学出版社（PUF），1996年。

这是一本逻辑清晰的哲学书，全书围绕存在的三个层面展开——审美、伦理、宗教。

弗朗斯·法拉戈，《理解克尔凯郭尔》，阿尔芒·科兰出版社，2005年。

本书并没有用完全中立的学术视角介绍克尔凯郭尔，它的优点在于同现实的充分结合。

列夫·舍斯托夫，《克尔凯郭尔与存在主义哲学》，约瑟夫·弗林哲学文献出版社，1972年。

这是一部关于克尔凯郭尔的作品，一部浸润了克尔凯郭尔色彩的作品。列夫·舍斯托夫从克尔凯郭尔的宗教视角出发，将其作为阅读的载体，完美呈现了哲学家的思想。

图书在版编目（CIP）数据

　　与克尔凯郭尔一起守护激情 /（法）达米安·克莱热 –
古诺著；张婷译．—上海：上海三联书店，2023.5
　　ISBN 978-7-5426-8077-8

　　I.①与… Ⅱ.①达…②张… Ⅲ.①克尔凯郭尔（
Kierkegaard, Soeren 1813–1855）– 哲学思想 – 研究 IV.
① B534

　　中国国家版本馆 CIP 数据核字 (2023) 第 057139 号

Vivre passionnément avec Kierkegaard © 2015, Editions Eyrolles, Paris,
France.
This Simplified Chinese edition is published by arrangement with Editions
Eyrolles, Paris, France, through DAKAI - L'AGENCE.
著作权合同登记　图字：09-2022-0990

与克尔凯郭尔一起守护激情

著　　　者	［法］达米安·克莱热–古诺
译　　　者	张　婷
总 策 划	李　娟
策划编辑	李文彬
责任编辑	张静乔
营销编辑	陶　琳
装帧设计	潘振宇
封面插画	潘若霓
监　　制	姚　军
责任校对	王凌霄

出版发行　上海三联书店
　　　　　（200030）中国上海市漕溪北路331号 A 座6楼
邮　　箱　sdxsanlian@sina.com
邮购电话　021–22895540
印　　刷　北京盛通印刷股份有限公司

版　　次　2023年5月第1版
印　　次　2023年5月第1次印刷
开　　本　787mm×1092mm　1/32
字　　数　104千字
印　　张　6.5
书　　号　ISBN 978-7-5426-8077-8/B·832
定　　价　56.00元

敬启读者，如发现本书有印装质量问题，请与印刷厂联系18911886509

人啊，认识你自己！